GUTI HUOJIAN FADONGJI FUHE CAILIAO YU GONGYI

固体火箭发动机复合材料与工艺

崔 红 王晓洁 闫联生 编著

西北工业大学出版社

【内容简介】 本书紧密结合近 50 年来我国固体火箭发动机复合材料应用技术的发展,较全面地阐述了固体火箭发动机非金属复合材料制造技术的相关理论知识及设计、研究、生产方面的实践经验和新技术、新工艺,主要内容包括壳体复合材料及其成型工艺、喷管复合材料及其成型工艺、复合材料检测技术、复合材料相关技术发展趋势等。

本书可供固体火箭发动机复合材料相关专业的研究生专业课教学使用,也可为相关技术及管理人员从事"固体火箭发动机""复合材料"专业方向的学习提供重要参考。

图书在版编目(CIP)数据

固体火箭发动机复合材料与工艺/崔红,王晓洁,闫联生编著 . —西安:西北工业大学出版社,2016.1

ISBN 978 - 7 - 5612 - 4709 - 9

Ⅰ.①固…　Ⅱ.①崔…　②王…　③闫…　Ⅲ.①固体推进剂火箭发动机—非金属复合材料　Ⅳ.①V435②V254

中国版本图书馆 CIP 数据核字(2016)第 022867 号

出版发行:西北工业大学出版社
通信地址:西安市友谊西路 127 号　邮编:710072
电　　话:(029)88493844　88491757
网　　址:www.nwpup.com
印 刷 者:陕西宝石兰印务有限责任公司
开　　本:787 mm×1 092 mm　1/16
印　　张:9.25
字　　数:209 千字
版　　次:2016 年 1 月第 1 版　2016 年 1 月第 1 次印刷
定　　价:78.00 元

《固体火箭发动机复合材料与工艺》
编审委员会

主　　任　　刘勇琼

副主任　　崔　红　张　翔

委　　员　　邓红兵　郝志彪　杨　杰　曾金芳　王晓洁

　　　　　　李瑞珍　闫联生　郭亚林　刘建军　李崇俊

　　　　　　李辅安　肖志超　刘建超

工作人员　　李迎春　张　琳　黄　芹

总　序

航天动力技术研究院(又名中国航天科技集团公司第四研究院)1986年被国务院学位委员会批准为硕士学位授于单位,现有航空宇航科学与技术、化学工程与技术、材料科学与工程、仪器科学与技术4个一级学科硕士学位授权点。

为培养航天事业需要的科技人才,保障硕士研究生培养质量,航天动力技术研究院专门开设了"固体火箭发动机技术基础及工程概论"专业课,按固体火箭发动机设计、推进剂理论与工程、装药与总装工艺、复合材料与工艺、金属件制造技术和固体火箭发动机试验测试等6个部分开展教材编写工作,2010年完成了教材初稿编写,2011年开始使用本教材。经过几年的教学实践,对相关教学内容不断进行完善。2014年邀请西北工业大学、西安交通大学、第二炮兵工程大学相关专业的教授及院内的专家对教材进行了评审,根据他们的意见,又对教材进行了较大的修改。现在6本教材已陆续完稿,包括《固体火箭发动机设计技术基础》《固体火箭推进剂理论与工程》《固体火箭发动机装药与总装工艺学》《固体火箭发动机复合材料与工艺》《固体火箭发动机金属件制造技术》《固体火箭发动机试验测试》,其中《固体火箭推进剂理论与工程》已于2014年5月先期出版。

"固体火箭发动机技术基础及工程概论"系列教材包含固体火箭发动机技术的基础知识、基本理论,融入科研实践和研制经验,参考国外该专业的技术发展,具有鲜明的行业特色。本系列教材不仅可作为硕士研究生培养专业课教材,也可作为相关技术及管理人员的专业参考书和培训教材。

在编写本系列教材过程中,得到了航天动力技术研究院和院属四十一所、四十二所、四十三所、四〇一所、七四一四厂、七四一六厂有关专家、领导及人力资源部门的通力合作与支持,在这里谨向他们,尤其是技术专家们表示诚挚的谢意!

在本系列教材的编写过程中,我们虽付出大量心血,几经易稿和修改,但难免有疏漏、错误及不足之处,敬请读者提出宝贵意见。

本系列教材编审委员会

2015年7月

代　序
——飞向永恒之梦的动力源泉

　　自古迄今，从走出非洲的遥远祖先，到互联网时代的思辨青年，人类从未停止对神秘宇宙的追问与探寻，从未停止遨游太空的神思和梦想。及至 21 世纪的今天，航天技术的进步与发展，使得人类探索、开发和利用宇宙空间成为现实。从第一个进入太空的地球人尤里·加加林，到第一个踏上月球的地球人阿姆斯特朗，从第一颗人造卫星的发射到载人飞船太空交会对接，在茫茫宇宙中，人类不断延伸着自己生命的触角，不断向深邃的未知领域释放智慧的光芒。

　　航天技术是当今世界高技术群体中最具影响力的综合性科学技术之一。生命智慧对于宇宙规律的探求使得人类航天技术不断得以突破性发展，人类活动范围从地球物理空间迅速延伸到外太空以至更远的宇宙。航天技术的变革与进步，又反过来影响人类的思维模式，使整个人类自身的面貌和生活方式也发生了深刻的变化。

　　固体燃料火箭发动机技术作为航天技术的重要组成部分，为火箭或导弹飞行提供充足的动力。如果把航天飞行器比作一只遨游太空的鹏鸟，那么，固体燃料火箭发动机就是这只鹏鸟的心脏，为翱翔于茫茫宇宙波涛之上的鹏鸟提供源源不绝的前进动力。

　　中国航天技术的突飞猛进，不仅仅昭示着一个现代化科技大国的实力，更彰显了中华民族沉寂了近百年的自强与自信。在实现我国从航天大国向航天强国跨越的过程中，固体火箭发动机技术的发展起着举足轻重的作用。作为固体火箭发动机技术扛鼎单位的航天动力技术研究院，始终以国家强大、民族昌盛为己任，艰苦创业，顽强拼搏。50 多年来，冲破重重险阻，攻克道道难关，走出了一条自力更生、自主创新的中国航天固体动力发展之路，推动我国航天固体动力事业从无到有、从小到大、从弱到强的历史性跨越，圆满完成了以"两弹一星工程""高新工程"和"载人航天工程"为代表的各项重大任务，为增强国家战略安全能力和综合国力做出了突出贡献。

　　十八大以来，新一代中共中央领导集体持续倡导人才强国战略，而实现航天强国的凤愿必须依靠大量高素质人力资源。自 1986 年，航天动力技术研究院被国务院学位委员会批准为硕士学位授予单位以来，至今从事学位与研究生教育已 30 年。在多年的工程实践和教学研究中，积累并形成了一系列具有自主知识产权的航天固体动力核心技术。为了更好地做好技术传承，为国家航天事业构建人力资源梯队，培养专业知识精英，我们组织了包括固体火箭发动机设计、推进剂理论与工程、装药与总装工艺、复合材料与工艺、金属件制造技术和固体火箭发动机实验测试等六大部分的教材编写工作，经过 5 年多的教学实践和不断完善，已经形成了一套较为系统的硕士研究生教材。除了凝聚众多固体火箭专业研究人员的智慧结晶之外，这套教材的最大特色在于扎实的技术基础与具体的工程实践紧密结合。

　　探索一切事物是人类的本性。美国的物理学家 F.J.戴森说："在上帝给了我们生命之后，科技可能是它赐给我们最贵重的一份礼物。"航天技术是科技的一部分,它仍将不断进步成长,并且继续帮助人类摆脱过去的束缚和羁绊。我们要珍惜、善待这份特殊的珍贵之礼,承继敢于探索、勇于献身的精神血脉,薪火相传,把关乎民族自信、国家富强乃至人类发展的航天事业不断推向前进。

我儿时一直存有一个天地之梦,梦想未来人类的飞行,能够像一只自由之鸟,翩翩飞舞于浩瀚无垠的太空,与宇宙万物对话,与造物之主谈心。现在,面对复杂的、全方位无限的未来,我仍无法预知其终点。但我相信,手头的这套教材,是通往天地之梦的一个阶梯,为我们的前行提供动力源泉,扶持我们向着永恒之梦不断追寻。

田维平*

2015 年 7 月

---

* 田维平,博士,研究员,博导。现任航天动力技术研究院院长,中国宇航学会固体火箭推进专业委员会主任。

前　言

本书是航天动力技术研究院研究生教材"固体火箭发动机技术基础及工程概论"6个专题之一,重点介绍了固体火箭发动机相关的复合材料与工艺技术基础。

复合材料是当代材料技术发展的重要趋势之一,尤其在导弹与航空航天领域的应用发展非常迅速,并发挥着越来越重要的作用。本书着眼于固体火箭发动机复合材料技术长远发展对人才素质能力的要求,紧密结合多年来在固体火箭发动机复合材料技术领域方面的科研实践,梳理、汇集核心知识与经验而成,具有鲜明的行业特色。

全书共16章,分上、下两篇。第1章为绪论,对固体火箭发动机及相关复合材料进行总体介绍,由崔红研究员编写。第2章～第10章为上篇,重点介绍固体火箭发动机壳体复合材料及相关技术,主要由王晓洁研究员编写。第11章～第16章为下篇,重点介绍固体火箭发动机喷管复合材料,主要由闫联生研究员编写。李瑞珍研究员重点对喷管复合材料相关内容进行了校对及修改,程勇研究员重点对壳体复合材料相关内容进行了校对及修改。崔红研究员、郭亚林研究员对全书进行了统一审核及校订。鉴于保密原因,书中涉及的某些设计及工艺参数仅供学习参考,不能作为确定设计、工艺参数的依据。

我国固体火箭发动机复合材料技术是几代技术专家经过艰苦创业、拼搏奋斗,逐步发展起来的。本书是在充分总结几代航天复合材料专家的实际工作经验和有关理论探讨的基础上编写而成的,字里行间渗透着一代代航天科技工作者艰辛的汗水,在这里谨向他们,尤其是老一辈技术专家们表示诚挚的敬意!

本书的编写得到了各级领导及相关专家的大力支持。西北工业大学乔生儒教授、张守阳教授、颜红侠副教授对本书进行了审阅,航天动力技术研究院邓红兵、刘勇琼、郝志彪、杨杰、曾金芳、张翔、刘建军、李崇俊、李辅安、肖志超、刘建超分别对相关章节进行了审阅,并提出了具体修改意见,使本书得以顺利定稿、出版。

航天动力技术研究及院属四十三所人力资源部做了大量的组织协调工作。

谨向以上领导、专家和部门表示衷心感谢!

由于水平有限,加之缺乏经验,书中难免有疏漏、错误及不足的地方,恳请专家、读者提出宝贵意见。

编　者

2015 年 9 月

目　　录

下 篇 固体火箭发动机复合材料喷管技术

第1章 绪 论

1.1 固体火箭发动机

固体火箭发动机(Solid Rocket Motor,SRM)是一种采用固体推进剂的化学火箭动力装置,在导弹武器、运载火箭和空间飞行器中都有广泛应用。其最大特点是结构简单,具有机动、可靠、生存能力强的优点,非常适合现代战争的要求,因此在武器系统和航天领域有广泛的应用。但正是由于固体火箭发动机结构简单的特点,它不能像液体发动机那样用液体冷却。因而必须选用高性能、高效率、功能强的先进材料来承受高温、高压、高速和化学气氛下各种复杂载荷的作用,从而给结构设计带来困难,同时也对材料工程提出了苛刻的要求。

固体火箭发动机通常由燃烧室、推进剂药柱、喷管和点火器4个主要部分组成,如图1-1所示。高性能固体发动机的特征是高能、轻质、可控,这三者是相互关联的,是以先进材料为基础和支撑技术联系起来的。例如轻质复合材料壳体可以提高发动机质量比和性能;提高发动机能量则需采用高能量推进剂,同时还要求增大工作压强,这就要求燃烧室承压能力增高,且要求喷管使用更耐烧蚀的轻质材料;实现发动机推力向量控制和推力终止,也需要选用先进的复合材料和成型工艺。由此不难看出,先进材料的全面应用是提高发动机性能的一项决定因素。

图1-1 固体火箭发动机结构示意图

1.2　复　合　材　料

本书涉及的复合材料,是指用两种或两种以上不同性能、不同形态的组分材料通过人工复合手段组合而成的一种多相材料。从复合材料的组成与结构分析,其中,一相是连续的,称为基体相;另一相是分散的、被基体包容的,称为增强相。增强相与基体相之间有一个交界面,称为复合材料界面,复合材料的各个相在界面上可以物理地分开。通过在微观结构层次上的深入研究,发现复合材料界面附近的增强相和基体相由于在复合时复杂的物理和化学原因,具有既不同于基体相又不同于增强相组分本体的复杂结构,同时发现这一结构和形态会对复合材料的宏观性能产生影响,所以界面附近这一结构与性能发生变化的微区也可作为复合材料的一相,称为界面相。因此确切地说,复合材料是由基体相、增强相和界面相组成的。

复合材料按照增强体的几何形态可分为纤维增强复合材料、颗粒增强复合材料、薄片增强复合材料和叠层复合材料。按照基体的性质可分为金属基复合材料和非金属基复合材料,后者又分为聚合物基复合材料和陶瓷基复合材料。碳/碳(Carbon/Carbon,C/C)复合材料构成一种特殊的类型,即用碳纤维增强碳基体。如果从使用功能上来区分,又可以将复合材料分为主要利用它们力学性能的结构复合材料和主要利用它们电、热、声、光等功效的功能复合材料。复合材料具有下列特点。

1)复合材料与传统材料相比的显著特点是它具有可设计性。复合材料的机械及热、声、光、电、防腐、抗老化等物理、化学性能都可按制品的使用要求和环境条件要求,通过组分材料的选择和匹配以及界面控制等材料设计手段,最大限度地达到预期目的,以满足产品的使用性能。

2)复合材料的第二个特点是材料与结构的同一性。传统材料的构件成型是经过对材料的再加工,在加工过程中材料不发生组分和化学的变化,而复合材料构件与材料是同时形成的,组成复合材料的组分材料在形成复合材料的同时也就完成了构件的制作。由于复合材料这一特点,使之结构的整体性好,可大幅度减少零部件和连接件数量,缩短加工周期,降低成本,提高构件的可靠性。正因为如此,本书在阐述各复合材料零部组件的制造技术时,都是从其构成原材料开始的,主要介绍原材料的要求、复合材料的成型工艺及其性能。

3)复合材料的第三个特点是可以充分发挥复合效应的优越性。复合材料是由各组分材料经过复合工艺形成的,但它并不是几种材料简单的混合,而是按复合效应形成新的性能,这种复合效应是复合材料特有的。

4)复合材料的第四个特点是材料性能对复合工艺的依赖性。复合材料结构在形成过程中有组分材料的物理和化学变化,过程非常复杂,因此产品的性能对工艺方法、工艺参数、工艺过程等依赖性较大。如果在成型过程中不能准确地控制工艺参数,会增大复合材料产品的性能离散性。

复合材料的命名习惯是增强材料名称在前,基体材料名称在后,如碳布/酚醛复合材料,也可仅写增强材料或基体材料。

1.3 复合材料与固体火箭发动机

随着现代高科技战争对战略战术武器系统作战性能要求的提高,新型陆基和潜基洲际战略导弹、新一代战术导弹、新一代空空导弹等武器装备得到进一步发展,对固体火箭发动机的性能要求越来越高,不断减轻发动机自身结构质量成为固体火箭发动机技术发展的主要方向之一。先进复合材料可显著提升固体火箭发动机的性能,从而赋予武器装备型号强突防能力、高生存能力和快速反应能力,是武器装备性能改进和技术战术指标提升的基础,也是战略战术武器和航天飞行器减轻结构质量、提高可靠性的有效手段,逐渐成为衡量航天材料技术水平的一个重要标志。美、日、俄等国始终把复合材料技术列为国家关键技术和国防关键技术予以优先发展,其先进武器装备固体火箭发动机复合材料技术趋于成熟、应用日益广泛。

固体火箭发动机复合材料品种较多,分类方法也各异。通常按照其在固体火箭发动机上的应用部位来分,可分为壳体复合材料和喷管复合材料两大类。其中,壳体复合材料包括壳体结构材料、内绝热层材料、外防热材料和连接裙材料等;喷管复合材料包括树脂基防热复合材料、C/C复合材料、热结构陶瓷基复合材料和柔性接头及其热防护复合材料等。

1. 壳体复合材料

美国先进三叉戟Ⅰ(C4)导弹的Ⅰ,Ⅱ,Ⅲ级发动机,三叉戟Ⅱ(D5)导弹的Ⅲ级发动机,战术导弹"潘兴Ⅱ"两级发动机壳体结构材料均采用Kevlar-49纤维/环氧复合材料。俄罗斯先进的SS-24,SS-25及"白杨M"(即SS-27)(见图1-2)等洲际固体导弹Ⅰ,Ⅱ,Ⅲ级发动机壳体结构材料均采用APMOC纤维/环氧复合材料。

图1-2 俄SS-27战略导弹

相比于Kevlar,APMOC等芳纶纤维复合材料,碳纤维复合材料可使发动机壳体容器特性系数(PV/W值)有较大提高。近年来国外碳纤维复合材料发展迅速,并逐渐在先进武器固体火箭发动机壳体上得到应用(见表1-1)。

表 1-1　碳纤维复合材料在国外高性能固体发动机壳体上应用情况

发动机名称	壳体材料
美国三叉戟-D5Ⅰ、Ⅱ级	IM7碳纤维/环氧复合材料
美国 ERINT 低空拦截弹、THAAD 高空拦截弹	碳纤维/环氧复合材料
美国"PAC-3"爱国者导弹	碳纤维/环氧复合材料
日本"M-5"火箭第Ⅲ级	碳纤维/环氧复合材料
欧洲"阿里安5"	碳纤维/环氧复合材料
法国 M51Ⅰ、Ⅱ级	碳纤维/环氧复合材料
美国"大力神-4"运载火箭助推器发动机	碳纤维/环氧复合材料

目前国外先进固体发动机壳体结构复合材料技术发展呈现如下特点：①选用高性能纤维满足壳体的轻质化、高压强等要求。日本 H-2A 火箭的助推器已使用 T1000 碳纤维。美国陆军负责开发的一种新型超高速导弹系统中的小型动能导弹（CKEM），其壳体也采用了 T1000 碳纤维/环氧复合材料。②壳体结构呈现大型化和低成本化。大型固体助推器和固体小运载技术的发展使得复合材料壳体进一步大型化，同时助推器和固体小运载有更多的低成本制造要求。

国外先进战略、战术型号固体火箭发动机普遍采用复合材料裙。复合材料裙的结构形式和成型方法主要有以下 4 种：①外加金属端框的复合裙结构。这种结构较适用于中长裙，在美国、西欧等国普遍采用。②混杂裙结构。俄罗斯的 SS 系列战略导弹（包括其最先进的"SS-27"）发动机均采用碳纤维、玻璃纤维和芳纶纤维的混杂纤维或混编布制作连接裙，此种结构较适合于短裙结构，也适合高过载的外界环境。③RTM 裙结构。欧航局阿里安 5 的助推发动机连接裙采用碳纤维预制体树脂传递模塑（Resin Transfer Molding，RTM）成型工艺制造，复合材料裙直径 3m。④预浸带铺放整体裙结构。织女星Ⅰ级 P80 发动机的壳体裙采用了预浸带铺放整体成型工艺，而且在裙与壳体间添加了弹性剪切层。目前复合裙材料技术发展特点如下：①高性能纤维、混杂纤维、织物的应用提高复合裙的性能。美国"侏儒"的第Ⅰ，Ⅱ，Ⅲ级发动机均采用先进的复合材料裙。潜地导弹三叉戟 C4 三级燃烧室采用了复合材料锥形连接裙，裙体轴压承载789 kN（壳体直径 760 mm）。②网格结构的应用。采用网格结构作为固体火箭发动机级间段，与铝合金相比质量大幅度降低，同时有效载荷能力增加。

2. 喷管复合材料

喉衬是固体火箭发动机喷管的核心部件。提高高温下喉衬材料的抗烧蚀性能是影响发动机设计的关键因素。C/C 复合材料具有轻质、优异的高温力学性能、良好的烧蚀性能、极好的抗热震性及可设计性等优点，是航天武器型号固体火箭发动机喷管喉衬的主要材料。喉衬预制体结构是决定材料热力学性能的关键因素。美国主要使用软编织或混合编织法成型 3D C/C 复合材料喉衬，应用于"三叉戟Ⅱ"等。俄罗斯在编织工艺上多使用粗纤维束或炭棒编织。4D 编织物既保持了轴向的高强度，又具有良好的抗烧蚀性能。法国火箭发动机喉衬预制体成型技术有刚性棒装配 4D 结构、2.5D（或称为准 3D）针刺预制体等。

SRM 喉衬材料的发展方向是通过改进工艺从而进一步提高性能并降低成本，主要包括：

①采用难熔碳化物陶瓷改性方法来提高抗烧蚀性能以承受更高的燃气温度或更长的工作时间。②复合材料喉衬构件日趋大型化。大型固体助推器和固体运载技术要求研制大尺寸C/C复合材料喉衬构件。构件尺寸的增大给C/C复合材料的成型工艺和制备装备带来很大的难度,例如热结构件由于尺寸效应而增大的热应力对材料构件的完整性造成严重的威胁,解决这一问题需突破优质原材料选择和成型工艺方法匹配性等关键技术。

固体火箭发动机喷管扩张段主要采用树脂基防热复合材料。其特点是成本低、周期短、性能优良,在国外许多在役型号上得到了广泛的应用。近年来,喷管扩张段树脂基防热复合材料技术发展主要集中在抗烧蚀基体改性和成型工艺改进研究两个方面,以达到进一步提高抗烧蚀性能的目的。在抗烧蚀基体改性方面,美国的科研工作者采用纳米黏土(MMT)、纳米碳纤维(CNF)和多面体低聚半硅氧烷(POSS)三种纳米材料对SC1008酚醛树脂进行改性,来提高其抗烧蚀性能。在成型工艺改进方面,主要包括斜向缠绕、重叠缠绕/针刺、2.5D针刺等新的成型工艺方法研究。如"阿里安5"(Ariane 5)运载火箭捆绑助推发动机,其喷管长3.42 m,出口直径2.862 m。该喷管出口锥前部烧蚀层采用碳/酚醛45°角斜向缠绕结构,从膨胀比为2处开始,采用布层与中心线平行的重叠缠绕结构,出口锥后段烧蚀层为碳和高硅氧布/酚醛材料,与中心线平行缠绕。织女星"Vega"I级P80喷管扩张段前段(逆流区)采用2D碳/酚醛材料,柔性接头防热帽和扩张段后段采用由2.5D预制体RTM工艺成型的Naxeco/树脂材料。

与树脂基防热复合材料相比,C/C复合材料可大幅度减轻喷管的质量、提高发动机质量比,在国外战略导弹Ⅱ、Ⅲ级得到广泛应用,成为国际先进洲际战略武器系统的标志之一。国外开展C/C扩张段(延伸锥)成型和应用技术研究的国家主要有俄罗斯、乌克兰、美国和法国等。应用C/C扩张段(延伸锥)的典型固体发动机有美国MX导弹的Ⅲ级、侏儒导弹的Ⅱ级和Ⅲ级,俄罗斯SS-24的Ⅱ级、白杨-M的Ⅲ级等,见表1-2。

表1-2 C/C扩张段在国外典型发动机上的应用情况

国 家	导弹、运载火箭发动机	部 件	C/C部件结构
美国	Star系列宇航发动机	C/C扩张段	二维渐开线型
	惯性顶级发动机	C/C扩张段	二维渐开线型
	MX导弹Ⅲ级发动机	扩张段C/C延伸锥	二维渐开线型
	侏儒导弹Ⅱ,Ⅲ级发动机	C/C扩张段、延伸锥	针刺成型
	DeltaⅢ运载火箭 Ⅱ级发动机	三级C/C延伸锥	针刺成型
	雅典娜(Athena)运载火箭惯性顶级发动机 Orbus21HP	C/C延伸锥	针刺成型
俄罗斯	起点一号运载火箭上面级发动机	C/C扩张段	二维渐开线型
乌克兰	SS-24导弹Ⅱ级发动机	C/C延伸锥	二维缠绕成型
法国	卫星远地点发动机 MageⅡ	C/C扩张段	二维渐开线型
	Ariane 4运载火箭上面级液氢液氧发动机	SiC涂层C/C延伸锥	针刺成型

C/C扩张段技术发展呈现以下特点：①C/C扩张段向大型薄壁化方向发展，以追求更高的性能，这对C/C扩张段成型技术提出了更高要求；②C/C扩张段向低成本、短生产周期方向发展，这要求开发新型低成本快速成型工艺。如阿里安5改进发动机喷管应用低成本Naxeco预制体技术（低成本的碳纤维针刺预制体）降低扩张段的成本。

柔性接头及其热防护复合材料是固体火箭发动机复合材料的一个重要组成部分。柔性接头是柔性喷管的核心部件，而柔性喷管是固体火箭发动机喷管中应用最广的先进推力向量控制方式，具有性能稳定、密封可靠、可潜入燃烧室等一系列优点，在国内外先进动力系统得到广泛应用。美国采用硅橡胶作为弹性密封材料。近来，柔性接头的研究热点之一是如何研制低模量橡胶材料以降低柔性接头力矩，进而降低作动筒功率。如欧空局的织女星Ⅰ级发动机，柔性接头弹性材料采用低模量的合成橡胶，大幅度降低了柔性接头的摆动力矩。俄罗斯的柔性接头防热技术采用防热帘结构，其结构质量轻，应用范围广，且结构简单，基本不增加摆动力矩。乌克兰SS-24发动机柔性接头防热结构是用7个包裹针织碳布的碳布/酚醛增强件套在柔性接头上自由组装而成，与柔性接头不需黏结组装，基本不增加柔性接头摆动力矩，且防热效果良好。

本书内容包括固体火箭发动机复合材料壳体技术和固体火箭发动机复合材料喷管技术两个部分，分别介绍固体火箭发动机相关的复合材料组成、成型工艺、性能特点和质量检测与控制等。

上篇 固体火箭发动机复合材料壳体技术

第2章 壳体复合材料概述

随着材料工业与导弹技术的发展,固体火箭发动机燃烧室壳体使用的材料不断发展,经历了从超高强度钢、钛合金到纤维增强复合材料的过程。

1.工作环境及对材料的要求

固体火箭发动机的燃烧室壳体是发动机结构中重要组成部分,它既是存贮推进剂的贮箱,又是推进剂燃烧的场所,对大多数导弹(火箭)来说,它还是弹(箭)的一部分。发动机工作时,燃烧室的燃气温度达到 3 000℃ 以上,工作压强可达到 10 MPa 以上。由于壳体是非冷却式的,所以在壳体与推进剂之间加有绝热层;壳体是火箭或导弹的一部分,须承受复杂的外力和环境条件引起的载荷,如图 2-1 所示。例如,药柱燃烧时产生的内压,裙部受到的轴拉、轴压、弯曲、扭转、横剪、冲击及振动,高速飞行时壳体外壁的气动加热,潜射导弹水下发射受到的外压。此外,发动机壳体的结构质量是构成导弹或火箭消极质量的主要部分,对发动机质量比的影响较大。因此,壳体的选材,首先应考虑材料有高的比强度、比模量,并有良好的综合力学性能、断裂韧性和良好的工艺性能。

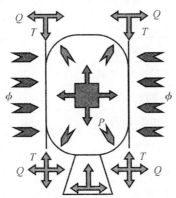

图 2-1 壳体工作时受到的主要载荷示意图

Q—剪力； T—轴向力； P—内压； ϕ—热流

2.壳体复合材料的发展

固体发动机的发展和增强纤维的发展有着密切联系,固体发动机战略导弹弹道计算表明,一、二、三级发动机壳体每减轻结构质量 1 kg 将增加相应射程为 0.6 km,3.0 km 和 16.0 km

左右。第一代发动机用钢(D6AC 等)做壳体,第二代采用玻璃纤维/环氧复合材料,第三代采用芳纶纤维/环氧复合材料,第四代采用碳纤维/环氧复合材料(见表2-1和表2-2)。高比强度、比模量的纤维相继出现,并在发动机壳体上得到应用。而高性能发动机的新要求,又推动增强纤维向更高的比强度和比模量方向发展。

表 2-1　潜-地导弹发动机壳体材料的发展

发动机名称		壳体材料	直径/m	长度/m	研制时间	国　别
A-2 第二级		E 玻璃纤维/环氧	1.37	2.14	1958—1960	美国
A-3	第一级	S-994 玻璃纤维/环氧	1.37	4.60	1960—1964	美国
	第二级	S-994 玻璃纤维/环氧	1.37	2.25		
海神 C3	第一级	S901 玻璃纤维/2256 环氧	1.88	4.77	1966—1971	美国
	第二级	S901 玻璃纤维/2256 环氧	1.88	2.48		
三叉戟-C4	第一级	凯夫拉-49 芳纶纤维/环氧	1.88	4.72	1971—1979	美国
	第二级	凯夫拉-49 芳纶纤维/环氧	1.88	2.50		
	第三级	凯夫拉-49 芳纶纤维/环氧	0.77	3.10		
三叉戟-D5	第一级	IM-7X 碳纤维/环氧	2.108	7.29	1978—1989	美国
	第二级	IM-7X 碳纤维/环氧	2.108	2.88		
	第三级	凯夫拉-49 芳纶纤维/环氧	0.787			
布拉瓦		有机纤维/环氧	2.0		1998 至今	俄罗斯
M51		IM 碳纤维/环氧	2.0	6.0	1994—1998	法国

表 2-2　地-地导弹发动机壳体材料的发展

发动机名称		壳体材料	直径/m	长度/m	研制时间	国　别
民兵 2 第三级		S-994 玻璃纤维/环氧	0.95	2.29	1962—1965	美国
民兵 3 第三级		S901 玻璃纤维/环氧	1.32	2.35	1966—1970	美国
MX 导弹	第一级	凯夫拉-49 芳纶纤维/环氧	2.34	8.34	1979—1986	美国
	第二级	凯夫拉-49 芳纶纤维/环氧	2.34	5.59		
	第三级	凯夫拉-49 芳纶纤维/环氧	2.34	2.33		
侏儒	第一级	IM-7 碳纤维/环氧	1.168	5.08	1984—1995	美国
	第二级	IM-7 碳纤维/环氧	1.168	2.74		
	第三级	IM-7 碳纤维/环氧	1.168	1.83		

3.复合材料壳体组成及制造工艺流程

复合材料壳体一般由前、后接头,前、后连接裙,纤维缠绕层组成。由于其成型工艺的特点,要求壳体内绝热层和人工脱黏层与壳体同时成型。因此典型的复合材料壳体如图2-2所示。前、后接头由铝合金或钛合金材料机加而成;纤维缠绕层由增强纤维/环氧树脂缠绕制成;

前、后两裙由金属或复合材料机加而成;绝热层材料是以丁腈或三元乙丙橡胶为基体、添加不同增强材料制成的软片,前、后封头的绝热层采用变厚度整体模压成型,圆柱段用软片黏结而成;人工脱黏层设置在燃烧室前、后封头开口处,材料与绝热层相同;外防护层采用涂层式或多层复合式。

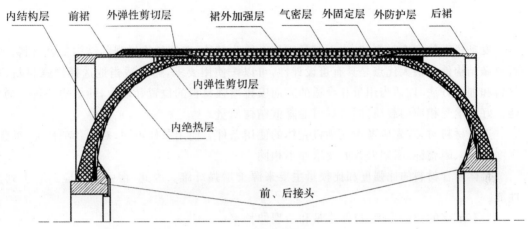

图 2-2　复合材料壳体示意图

发动机复合材料壳体制造的工艺流程如图 2-3 所示。

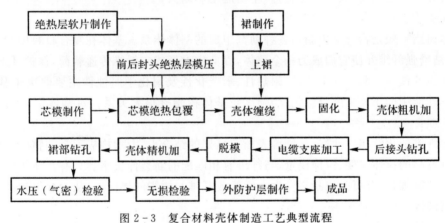

图 2-3　复合材料壳体制造工艺典型流程

思　考　题

1. 固体火箭发动机壳体的主要构成是什么?
2. 简述固体火箭发动机壳体制造流程。
3. 固体火箭发动机壳体材料有哪些?

第3章　壳体结构复合材料原材料

发动机壳体复合材料,基本上都是以聚合物为基体、连续纤维增强的结构复合材料。复合材料做结构件的最大优点是具有可设计性,可以按使用要求,通过适当地选择增强材料、基体材料和加工方法,以适当用量和合适的方向安排增强材料的位置和取向,使结构的每一局部都能很好地承受相应的载荷,同时尽可能降低结构质量。

选择材料时,首先应考虑发动机壳体的使用条件。使用条件不同,对于各项性能,如强度、刚度、耐热、耐腐蚀、耐辐射等的要求亦不相同。

壳体复合材料的比强度和比模量主要来源于增强纤维。因此,增强纤维应具有下列基本性能:

1)有足够的拉伸强度、拉伸模量和断裂伸长率;

2)强度、模量和线密度的离散性尽可能小;

3)能与基体树脂很好地结合,能耐基体树脂及其组分的化学侵蚀;

4)有好的工艺性能,表面状态良好,不易起毛和断头;

5)无捻或少捻。

基体树脂一般是指合成树脂与各种助剂组成的基体体系。基体在复合材料中起着重要的作用:黏结增强纤维并使它们成为一个整体,以剪应力形式向纤维传递载荷,保护纤维,使其免受外界环境的侵蚀。制品的工艺性、耐热性、耐老化性及耐化学腐蚀性主要取决于基体树脂。制品力学性能中的压缩强度、层间剪切强度与基体树脂有很大关系。对基体树脂的要求主要有下列5项:

1)与纤维的化学相容性好,与纤维表面有良好的结合力,力求构成一个完整的界面。

2)有较高的拉伸强度、拉伸模量,与纤维有相匹配的断裂伸长率。只有基体树脂的断裂伸长率略高于纤维,才有可能使断裂发生在纤维或纤维与树脂的界面上,从而获得较高的承载能力以及高韧性。

3)有足够的黏结力及较高的韧性。

4)高的玻璃化温度和高的热稳定性,复合材料的耐热性主要取决于树脂基体的耐热性。

5)良好的工艺性,主要指基体树脂各组分的混溶性、一定温度下的流动性、对纤维的浸润性、室温存放性等。

3.1　增强纤维

3.1.1　高强玻璃纤维

玻璃纤维是通过先将二氧化硅和铝、钙、硼等元素的氧化物以及少量的加工助剂氧化钠和氧化钾等原料熔炼成玻璃球,再在坩埚内将玻璃球熔融拉丝而成的。玻璃纤维品种很多,性能各异,其化学组成是纤维性能的决定因素。固体发动机应用的主要品种是无碱玻璃纤维(E 玻璃纤维)和高强玻璃纤维(S 玻璃纤维)及其织物。其性能见表 3-1。

表 3-1　玻璃纤维的性能

性　　能	无碱玻璃纤维(E 玻璃纤维)	高强玻璃纤维(S 玻璃纤维)
密度/(g・cm^{-3})	2.54	2.49
拉伸强度/MPa	3 448	4 585
拉伸模量/GPa	72.5	85.5
断裂伸长率/(%)	4.8	5.7
软化点/℃	846	860
线膨胀系数/(10^{-6}℃$^{-1}$)	5.0	5.6
介电常数(22℃,60Hz)	5.8~6.4	4.5~5.4
介电损耗(22℃,60Hz)	0.001~0.005	0.002~0.003
体积电阻/(Ω・cm)	10^{15}	10^{16}

玻璃纤维介电常数低、透波性能良好,具有优良的抗化学试剂性能,不受霉菌作用,耐高温及耐燃性好,线膨胀系数和热导率低,且各向同性,在湿热环境中仍能保持较高的力学性能。玻璃纤维与基体树脂复合相容性好,成型工艺简单,性能价格比高,使用玻璃纤维制作的复合材料纤维强度转化率高,具有高的抗冲击性能。

用作发动机壳体缠绕的高强玻璃纤维纱及国外该类产品见表 3-2。

表 3-2　高强玻璃纤维纱的规格和性能

代　　号	单丝直径 μm	股数 股	线密度 tex	线密度变异系数 %	断裂强力 N	捻度 捻/m	捻　向
SC8 - 12×1×2S55	8	2	24±1.8	≤7	≥14.0	55±5	S
SC8 - 12×20	8	20	240±18	≤5	≥120	无捻	
SC8 - 12×40	8	40	480±36	≤5	≥200	无捻	
美 SC9 33 1×2	9	2	66		≥36.5		
美 SC9 33 2×2	9	4	132		≥72.9		

玻璃纤维的缺点是拉伸模量较低。随着对发动机质量比要求的提高,壳体设计的刚度要求亦不断提高,玻璃纤维的应用就受到了限制。

3.1.2　芳纶纤维

由芳香族聚酰胺树脂纺成的纤维统称为芳香族聚酰胺纤维(简称芳香胺纤维),国内称之为芳纶纤维,国外称之为 Aramid(全芳族聚酰胺)。它由芳族聚酰胺长链大分子构成,其中酰胺键(—CONH—)至少有 85% 直接连接在两个苯环上。

芳纶纤维性能优异。分子链中芳香环数量高,耐高、低温性好,-196℃下强度不降低,直至分解温度(约500℃)不易变形;耐有机溶剂、燃料等化学腐蚀;其比强度、比模量高;韧性好,受冲击后碎裂小;介电性能好,价格适中。因而是较理想的发动机壳体增强材料。

芳纶纤维压缩性能差,抗扭剪性不强,制成复合材料的强度转化率低;其长期使用的温度不宜超过160℃;因为耐紫外线较差,贮存时须避光。芳纶纤维易吸水,在潮湿的空气中能吸3%~6%的水,由于水分子侵入纤维,会破坏分子间的氢键,使纤维强度降低。所以,在制作壳体前,一定要烘干纤维,并在工艺过程中使纤维保持干燥。

各种芳纶纤维的性能见表3-3。

表3-3 国内外芳纶纤维的性能对比

生产厂家或国家	型号	拉伸强度 MPa	拉伸模量 GPa	断裂伸长率 %	密度 g·cm⁻³	纤维直径 μm
Dupont (Kevlar)	965	3 510	132	2.8	1.44	11.9
	969	3 750	119	3.3	1.44	12.1
	981	4 010	121	2~3	1.44	12.1
	129	4 200	110	3.3	1.44	12
	149	3 450	172	1.5	1.47	12
	88	3 420	110	3.0	1.44	
AKZO	Twaron (HM)	3440	123	2.97	1.45	12
日本帝人	Technora	3 420	85	3.7	1.44	12
俄罗斯	Apmoc-Ⅲ	4 905	145	6.0	1.45	14~17
	Apmoc-Ⅱ	4 350	127	4.0	1.44	14~17
	CBM	4 330	124	4.0	1.43	12~15
	Terlon	3 200	145		1.32	10~12
中国	芳纶-14	2 870	176	2.28	1.465	
	芳纶-1414	3 360	121	2.85	1.446	
	芳纶-Ⅲ	4 400	135	3.3	1.45	

3.1.3 碳纤维

碳纤维是由有机纤维(称为原丝)热解得到的纤维材料,其含碳量超过90%,具有十分优异的力学性能。用以制作碳纤维的前驱体很多,但能达到工业生产规模的仅有聚丙烯腈基碳纤维、黏胶基碳纤维和沥青基碳纤维三种。目前,用以制作发动机复合材料壳体的碳纤维主要是由聚丙烯腈基碳纤维制成。

与高强玻璃纤维相比,碳纤维的比模量高3~5倍;与Kevlar49纤维相比,碳纤维的比强度低10%~50%,比模量高1.5~4倍。在所有纤维增强聚合物基复合材料中,碳纤维复合材料的比拉伸模量和比压缩模量最高。另外,碳纤维在复合材料中的强度转化率也较高。因此碳纤维在航天结构复合材料中得到了广泛的应用。

日本碳纤维协会按照力学性能将碳纤维分为 5 个等级,见表 3-4。

表 3-4　碳纤维的等级划分

碳纤维等级		力学性能		典型牌号
		拉伸强度/MPa	拉伸模量/GPa	
低模量碳纤维	LM 型	<3 000	<200	
标准模量碳纤维	SM 型	>2 500	200~280	T300,T700SC
中等模量碳纤维	IM 型	>4 500	280~350	T800HB,T1000GB
高模量碳纤维	HM 型		350~600	M40JB,M50JB
超高模量碳纤维	UHM 型		>600	UM63,UM68

一般认为,超高模量(UHM)碳纤维的模量超过 600GPa;高模量(HM)碳纤维的模量为 350~600GPa;中等模量(IM)碳纤维的模量为 280~350GPa;标准模量(SM)碳纤维,也称为高强、高应变(HT)碳纤维,模量为 200~280GPa;低模量(LM)碳纤维的模量在 200GPa 以下。

固体火箭发动机壳体要求复合材料具有高的比强度、比模量和断裂延伸率。拉伸强度为 5 000MPa 左右、拉伸模量为 265~320GPa、断裂伸长率约为 1.7% 的高强中模碳纤维是比较理想的增强材料。表 3-5 所示为一些常用的高强中模碳纤维的力学性能,表中同时列出喷管功能复合材料等用 T300 碳纤维的性能作为对比。

表 3-5　高强中模碳纤维的性能

性　能	Hexcel(美国)				东丽(日本)			
	T40	IM6	IM7	IM8	T700SC	T800	T1000G	T300
拉伸强度/MPa	5 650	5 510	5 530	5 580	4 900	5 490	6 370	3 530
拉伸模量/GPa	290	279	276	304	230	294	294	230
断裂伸长率/(%)	1.8	2.0	2.0	1.8	2.1	1.9	2.2	1.5
密度/(g·cm^{-3})	1.81	1.76	1.78	1.79	1.80	1.81	1.8	1.76
每束纤维根数/×10^{3}根	12	12	12	12	12	12	12	1~12
线密度/tex	444	446	446	446	800	455	485	
纤维直径/μm	5.1	5.1	5.0	5.0	7	5	5	7.0
捻度/(捻·m^{-1})	16	0	0	0	0	0	0	15

与玻璃纤维相比,碳纤维的表面活性相对较差,碳纤维与基体树脂复合时黏结能力较弱,因而制得的复合材料层间剪切强度较低。碳纤维的线膨胀系数沿轴向是 $-0.072×10^{-6}$/℃ 至 $0.90×10^{-6}$/℃;垂直纤维轴向是 $22×10^{-6}$/℃ 至 $32×10^{-6}$/℃;而通常基体树脂的线胀系数是 $45×10^{-6}$/℃。由于碳纤维和树脂的线膨胀系数相差较大,所以碳纤维复合材料固化冷却过速或经受高低温变化时,容易产生裂纹。

表 3-6 列出了一些常用的高强高模碳纤维的力学性能,这些纤维主要应用于空间结构复

合材料中。

表 3-6 常用高强高模碳纤维的性能

性 能	东丽(日本)			东邦(日本)		Hexcel(美国)	
	M40	M50	M60JB	UM40	UM55	HMS-6	UHMS
拉伸强度/MPa	2 740	2 450	3 820	4 900	3 820	3 700	3 800
拉伸模量/GPa	392	490	588	382	540	372	444
断裂伸长率/(%)	0.7	0.5	0.7	1.3	0.7	1.02	0.75
密度/(g·cm^{-3})	1.81	1.91	1.93	1.79	1.92	1.75	1.88
每束纤维根数/×10³根	1~12	1	3~6	12~24	12	12	1~12
线密度/tex	61~728	60	103~206	400~800	360		
纤维直径/μm	7			4.8	4.4		

3.1.4 聚对苯撑苯并双噁唑(PBO)纤维

PBO(Poly-p-phenylene benzobisoxazole)纤维是 20 世纪 90 年代由日本东洋纺公司开发的高性能纤维,其化学名为聚对苯撑苯并双噁唑纤维,商品代号为 ZYLON,结构式见图 3-1。PBO 纤维有四大特点,即高强度、高模量、耐热性、阻燃性。表 3-7 列出了 PBO 纤维的一些基本性能。其模量被认为是直链高分子聚合物的极限模量,而其热分解温度高达 650℃。PBO 纤维的极限氧指数(LOI)为 68%,为有机纤维中的最高值,即使在 750℃ 燃烧时所产生的一氧化碳、氰氢酸等有毒气体也相当少。PBO 纤维的热尺寸稳定性好,具有负的线膨胀系数。PBO 纤维的耐化学稳定性很高,几乎在所有的有机溶剂或碱溶液中都是稳定的,其强度几乎无变化,但耐酸性很差。由于以上诸多优点,PBO 纤维被视为航空航天先进结构复合材料的新一代超级纤维。

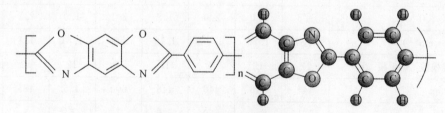

图 3-1 PBO 的结构单元

表 3-7 PBO 纤维的基本性能

性 能	PBO-AS	PBO-HM	PBO-HM+
单丝细度/den	1.5	1.5	1.5
纤维直径/μm	12.3(±1.1)	11.2(±1.0)	11.6(±1.2)
密度/(g·cm^{-3})	1.54	1.56	
拉伸强度/GPa	4.8~5.55	5.5~5.59	4.72~5.4

续表

性　能	PBO - AS	PBO - HM	PBO - HM+
拉伸模量/GPa	180～187	254～280	330～352
断裂伸长率/(%)	3.5	2.5	
吸湿率/(%)	2.0	0.6	
热分解温度/℃	650	650	650
极限氧指数 LOI/(%)	68	68	68
热膨胀系数/℃$^{-1}$		-6.0×10^{-6}	
介电常数		3.0	
介电损耗		0.01	

但由于 PBO 纤维表面很光滑,分子链化学活性低,使得它和树脂基体的黏合性很差,严重地影响了复合材料的性能。所制备的复合材料制品通常因树脂质量分数低而造成低的层间剪切强度及压缩强度。同时,作为有机纤维的 PBO 暴露于太阳光和大气环境条件下,受太阳光中紫外线的作用,会使分子链产生一系列复杂而有害的氧化过程,即老化降解。

美国布伦斯维克(Bruswick)公司已用抗拉强度为 5.5GPa 级的 PBO 纤维进行发动机壳体复合材料方面的研究,缠绕的容器直径为 ϕ250mm,实测平均爆破压强 91 MPa,纤维应力 4.73 GPa,纤维强度转化率 86%,复合材料壳体特性系数(PV/Wc)65.2 km。

3.2　基　体　树　脂

3.2.1　湿法缠绕用环氧树脂体系

环氧树脂是指分子中含有两个或两个以上的环氧基团的低相对分子质量聚合物。湿法缠绕工艺要求树脂体系有较低的初始黏度、较长的室温使用期,对纤维的浸润性好,固化时低分子挥发物较少、固化收缩率小。较低的初始黏度也可以通过给树脂胶液加热升温的方法实现,但在这个加热温度下的使用期要足够长。因此,湿法树脂体系多采用黏度较低的环氧树脂和活性稀释剂。使用活性稀释剂的目的是进一步降低环氧树脂的黏度,改善浸润性和渗透力,有利于控制环氧树脂与固化剂的反应热,延长树脂胶液的使用期;同时稀释剂又参与树脂的固化反应,避免固化时低分子挥发物产生气泡。

美国一些固体发动机壳体所用典型树脂体系情况如表 3-8 所示。

表 3-8　典型湿法缠绕树脂体系

配方代号	类型与组分		固化规范	型号应用情况
LRF - 092 UF - 3205	（刚性双酚 A -酸酐体系） 双酚 A 环氧 Epon828 纳狄克甲基酸酐 MNA 苄基 二甲胺 BDMA	100 90 1	120℃×3h+ 150℃×24h	北极星 A3、 民兵 Ⅲ

续 表

配方代号	类型与组分	固化规范	型号应用情况
HBRF-55A UF-3298	（刚性双酚 A-芳香胺体系） 双酚 A 环氧 Epon826　　　　100 1,4 丁二醇二甘油缩水醚 RD-2　25 40%间苯二胺+60%二氨基二苯基 甲烷：Tonox60-40　　　　　29	60℃×3h+ 120℃×2h	三叉戟 IC4 的 第一级、第三级
	（刚性脂环族环氧-双酚 A-芳香胺体系） ERLA2256(63%双酚 A 环氧 ERL2774+37%二氧化双环戊基醚 ERLA0400) 100 Tonox60-40　　　27		海神第一级和 第二级
	（刚性双酚 A 环氧-胺体系） 双酚 A 环氧 Epon828 二氧化-四乙烯环已烯 ERL4206 4,4-二氨基二苯甲烷 MDA		惯性顶级 IUS

上述树脂体系浇铸体性能如表 3-9 所示。

表 3-9　树脂浇铸体性能表

组　分	Epon828 MNA BDMA	Epon826 RD-2 Tonox60-40	ERLA2256 Tonox60-40	Epon828 ERL4206 MDA
拉伸强度/MPa	72.4	75~90	102~108	104
拉伸模量/GPa	3.45	2.5~2.7	3.4~3.5	7.3
断裂伸长率/(%)	2.7	7.6~7.8	7.1~7.3	4.6
热扭变温度/℃	128	121	133	140.5

　　国内在发动机壳体上使用的湿法缠绕树脂体系,属于刚性双酚 A 环氧-酸酐体系,与美国 LRF-092 同一类型,组分略有变动,力学和热性能相当。俄罗斯用于 Apmoc 芳纶纤维缠绕的湿法配方也是双酚 A 环氧-酸酐体系,其中不含稀释剂,使用时要将树脂加热到 65℃。它的断裂伸长率较高,在 6.5%左右,比纤维约高 3%。

3.2.2　干法缠绕用环氧树脂体系

　　在预浸胶机上制作干法缠绕用的预浸胶带可以采用溶剂浸渍法或热熔法。目前在固体发动机壳体制造中多采用溶剂浸渍法。

　　干法缠绕工艺要求预浸胶带含胶量、挥发分合适,柔软性好,有良好的黏着性,加热、加压时有适当的流动性。这些性能主要取决于树脂的预固化度,亦即 B 阶段程度。

　　在壳体研制初期,用于溶剂浸渍的 01A 干法配方属于双酚 A 环氧-酸酐体系,其组分包括

E-51 环氧树脂、E-20 环氧树脂、内次甲基四氢邻苯二甲酸酐 NA 和卞基二甲胺 BDMA,稀释剂为丙酮,固化温度 200℃。

用液体固化剂 MNA(甲基环戊二烯与马来酸酐加成物)取代固体固化剂 NA 后,配方调整为 01B。这种配方的固化温度可以降低到 150℃。

这两种配方预浸胶带的成型,并不依赖于严格控制树脂的预固化度即 B 阶段,而是依赖于调节配方中固体树脂 E-20 的质量分数。酸酐固化剂具有对水较敏感的特性。当缠绕在石膏芯模的环氧-酸酐体系固化时,石膏中释放出来的水分子易与酸酐分子反应生成二元酸而破坏环氧-酸酐体系的正常交联,也可能引起聚合物化学键的断裂,从而在壳体内壁产生分层、脱层等缺陷。

在壳体上应用得较成功的是类似于美国 ERLA-2256 的 03A 配方,该配方属于刚性脂环族环氧-双酚 A-芳香胺体系,组分比例与作为湿法配方 ERLA-2256 相比有所变化,但力学性能和热性能相当。03A 经控制 B 阶段后用于制备预浸胶带,更有利于发挥干法缠绕的优点。03A 配方与玻璃纤维和芳纶纤维都具有较好的相容性,所缠绕壳体的性能也较好。但是,03A 配方在胶液配制时,B 阶段较难控制;固化后壳体表面容易产生小气泡,影响壳体表面质量;另外,该配方的主要原料 W-95 树脂在合成过程中对环境有较大的污染,使该配方的应用受到了限制。

随着环氧树脂的发展,在干法缠绕树脂体系中相继采用了缩水甘油脂类环氧 712(TDE-85)等其他有良好性能的环氧树脂,使基体树脂能更好地适应芳纶纤维和碳纤维。表 3-10 列出了一些配方树脂浇铸体的性能。

表 3-10　典型干法缠绕树脂浇铸体性能

代　号	01B	03A	04	06B
组分	E-51 环氧树脂 E-20 环氧树脂 MNA 酸酐 BDMA	W-95 环氧树脂 E-51 环氧树脂 MPDA MDA	712(TDE-85)环氧 E-51 环氧树脂 DDE DDS MDA	E-51 环氧树脂 6360 环氧树脂 DDS MDA EMI
拉伸强度/MPa	65~82	98~110	80~100	92.3
拉伸模量/GPa		3.9~4.4	3.3~4.0	2.89
断裂伸长率/(%)	2.4~3.2	5~7	3~6	6.6
马丁耐热/℃	116~120	150~155	142	152
密度/(g·cm^{-3})	1.21	1.23	1.24	1.22

3.2.3　耐高温树脂体系

1. 聚酰亚胺树脂

聚酰亚胺树脂是分子主链中含有酰亚胺基团的多芳杂环聚合物。

聚酰亚胺树脂的优点是耐高温性能好,短期使用温度可达 480℃,长期使用温度为 300℃左右;缺点是成型工艺难度大。聚酰亚胺树脂难熔,成型温度高,压力大。普通的热压罐和小型压机通常难以满足其成型要求。制品孔隙率高,成品率较低,造价昂贵。

聚酰亚胺树脂作为先进复合材料基体具有提高航天结构效率的潜力,其应用日益受到重视。

2. 双马来酰亚胺树脂

双马来酰亚胺(Bismaleimides)简称 BMI 或双马,是以马来酰亚胺为活性端基的双官能团化合物,其通式如图 3-2 所示。

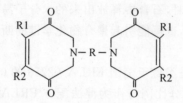

图 3-2 双马来酰亚胺树脂的结构通式

BMI 树脂具有与典型的热固性树脂相似的流动性和可模塑性,可用与环氧树脂类似的一般方法进行加工成型;BMI 树脂具有良好的耐高温、耐辐射、耐湿热、吸湿率低和热膨胀系数小等优良特性,克服了环氧树脂耐热性相对较低和耐高温聚酰亚胺树脂成型温度高、压力大的缺点。未改性的 BMI 树脂存在熔点高、溶解性差、成型温度高、固化物脆性大等缺点,对其进行改性研究是近年来的研究重点。BMI 树脂的改性方法较多,其中绝大多数改性围绕树脂韧性展开。主要有如下几种:①与烯丙基化合物共聚。②芳香二胺等扩链。③环氧改性。④热塑性树脂增韧。⑤芳香氰酸酯树脂改性。

BMI 树脂的耐热性优于环氧树脂,工艺性与环氧相近,且耐湿热性能优异,因此 BMI 树脂基复合材料在航空航天领域内得到了广泛的应用,见表 3-11。

表 3-11 几种主要 BMI 树脂在航空航天领域内的应用

碳纤维/树脂基体	应用领域
IM7/5250-2	YF-22 中机身、骨架、操纵面,F-22 中机身、管道、骨架、弱框
IM7/5250-4	F-22 机翼蒙皮、安定面机翼、前机身、尾翼
T300/QY8911-1	航天构件
T300/QY8911-2	机翼
T300/5405	

3. 氰酸酯树脂

氰酸酯树脂(Cyanate Ester,CE)是含有两个以上氰酸酯官能团(—OCN)的新型高性能热固性树脂,是近年来出现的一种新型高性能树脂基体。氰酸酯树脂的结构特点赋予其优良的电绝缘性能,极低的吸湿率,较高的耐热性,优良的尺寸稳定性,良好的力学性能以及与环氧树脂相近的成型工艺性等,适用于模压、树脂传递模塑、热压罐、缠绕和挤拉等各种成型工艺,在电子、航空航天、电器绝缘、涂料、胶黏剂、光学仪器、医疗器材等诸多领域获得了广泛的应用。氰酸酯树脂单体或预聚体在固化过程中无挥发性副产物生成,固化物具有较高的玻璃化温度(240~290℃),可作为雷达天线罩、超声速拦截导弹复合材料舵面以及复合材料弹体的候选树脂。氰酸酯树脂自聚后形成三嗪环交联结构，该结构高度对称，高度位阻，固化后具有高交联密度和低自由体积分数，吸湿率仅为环氧体系的四分之一，湿气膨胀程度相当低，并具有较低的逸气性能，因此在卫星、空间光学结构方面的应用前景广阔。

4. 新型高性能热塑性树脂

新型高性能热塑性树脂主要有聚醚醚酮（PEEK）、聚苯硫醚（PPS）、聚醚砜（PES）、聚砜（PSF）、聚醚酰亚胺（PEI）、聚酰胺酰亚胺（PAI）、聚芳酯（PAR）等。目前应用较多的是 PEEK 和 PPS。

热塑性树脂密度小，具有优异的韧性、抗湿性、耐疲劳性、再成型能力及可修复性。

表 3-12 列出了几种常用耐高温树脂的性能。

表 3-12 几种常用耐高温树脂的物理、力学性能

性 能	环氧 EP	不饱和聚酯 UP	酚醛 PF	双马 BMI	氰酸酯 CE	聚酰亚胺 PI	聚醚醚酮 PEEK	聚苯硫醚 PPS
密度/ (g·cm^{-3})	1.11~1.23	1.10~1.46	1.30~1.32	1.24	1.24	1.5	1.3	1.30~1.36
使用温度/℃	120	<60	150~200	170~250	240~290	200~300	<240	<180
拉伸强度/MPa	85	42~71	42~63	65.6	83	87	93~103	67~80
拉伸模量/GPa	3.2	2.1~4.5	3.2	3.05	3.9	3.0	3.8	3.8~3.91
压缩强度/MPa	110	92~169	88~110		289	130		112
弯曲强度/MPa	130	60~120	78~120	68~76	102	134		98
伸长率/(%)	1~2	1.3~2	1.5~2	~2.2	3.2	6~10		1.6~3
吸水率/(%)	0.07~0.16	0.15~0.60	0.12~0.36	<2.84		0.32	0.15	<0.02
收缩率/(%)	1~2	4~6	8~10			3		0.12
膨胀系数/ (10^{-6}℃$^{-1}$)	60	80~100	25~60	42~44		54		

3.2.4 树脂基体发展趋势

树脂基体的发展与复合材料的发展是同步进行的，主要表现在以下几个方面。

1. 低成本化

复合材料的高成本，严重制约了复合材料的进一步的扩大应用。如何降低复合材料的成本已经成为迫切需要解决的关键问题之一。研制低成本的基体树脂体系是复合材料低成本化的一项主要手段，例如通过开发中温固化高温使用、电子束固化、微波固化、紫外固化等基体树脂体系，可有效降低复合材料的成型成本。

2. 高性能化

（1）高损伤容限

具有高损伤容限、可修复和可回收特性的高性能热塑性树脂，例如聚酰亚胺（PI）、聚苯硫醚（PPS）、聚砜（PSF）、聚芳砜（PASF）、聚醚醚酮（PEEK）、聚醚酮酮（PEKK）等，在近些年的发展非常迅速。美国一直未间断过热塑性树脂在发动机壳体领域的探索研究,曾分别进行过 AS-4 碳纤维/PPS、IM-7 碳纤维/Avimid N 聚酰亚胺及其他类型热塑性树脂和碳纤维的复合材料缠绕容器试验,取得了一定收获。高性能热塑性树脂主要存在工艺难度大,对热压缠绕设备要求高,树脂比较昂贵等问题。

(2)高耐温性

为提高突防能力,巡航导弹的飞行速度已由目前的亚音速向中音速(680~1 700m/s)发展。当巡航导弹飞行速度为 680~1 020m/s 时,弹体和弹翼蒙皮的表面温度高达 200~300℃,超出了常规的高强铝合金(如 2219、7050 等)和环氧树脂基复合材料正常工作温度范围。因此,耐高温树脂基复合材料一直是航天、航空、空间复合材料研究领域的研究热点,发展很快。

3. 纳米粒子改性

纳米微粒是处于原子簇和宏观物体交接区的一"介观"区,其结构既不同于体相材料也不同于微观的原子分子簇。由于纳米粒子较小的尺寸、大的比表面产生的量子效应,使其具有不同于一般材料的众多特性。纳米粒子与聚合物基体复合不仅能改善其力学性能,如提高强度、韧性,而且复合后还可显示出新的物理化学特性,成为一类新型的功能材料,该类复合材料已成为各国研究的热点之一。

3.3 壳体复合材料界面

复合材料是由两种或两种以上不同物理、化学性质的材料以微观或宏观的形式复合而成的多相材料。复合材料中增强体与基体接触构成的界面是一层具有一定厚度(数十纳米)、结构随基体和增强体而异的、与基体和增强体有明显差别的新相——界面相。界面对复合材料的性能起着重要的作用,外界应力通过界面传递给增强纤维,才能使纤维的强度和模量得到充分的发挥。

3.3.1 复合材料界面理论

(1)浸润性理论

浸润性理论认为,两相间的结合模式属于机械黏结与润湿吸附。在形成复合材料的两相相互接触过程中,若树脂液对增强材料的浸润性差,两相接触的只是一些点,接触面有限。若浸润性好,液相可扩展到另一相表面的凹坑之中,因而两相接触面积大,结合紧密,产生了机械铆合作用。浸润性好有利于两相的界面接触,但浸润性不是界面黏结的唯一条件,浸润性理论虽然对复合材料界面有一定的指导意义,但是许多界面现象单凭浸润性理论是难以解释的,因此人们提出了其他理论。

(2)化学键理论

化学键理论认为要使两相之间实现有效的黏结,两相的表面应含有相互发生化学反应的活性官能团,通过官能团的反应以化学键结合形成界面。若两相之间不能直接进行化学反应,也可通过偶联剂的作用以化学键互相结合。化学键理论是应用最广,也是应用最成功的理论。硅烷偶联剂就是在化学键理论基础上发展起来的,用来提高基体与玻璃纤维间界面结合的有效试剂。硅烷偶联剂一端可与玻璃纤维表面以硅氧键结合,另一端可参与基体树脂的固化反应。通过硅烷偶联剂的作用,基体与增强纤维实现了界面的化学键,有效地提高了复合材料的性能。但是,化学键理论也不是十全十美的,有些现象难以用化学键理论作出令人满意的解释。

(3)过渡层理论

在复合材料成型时,基体和纤维的热膨胀系数相差较大,因此,在固化过程中,纤维与基体界面上就产生附加应力,导致复合材料性能下降。此外,成型时产生的内应力也可能产生不利因素。为了消除这种内应力,基体和纤维的界面区应存在一个过渡层,过渡层起到了应力松弛的作用。

(4)摩擦理论

摩擦理论认为,基体与纤维界面的形成完全是由于摩擦作用,基体与纤维间的摩擦因数决定了复合材料的界面强度。处理剂的作用在于增加了基体与纤维间的摩擦因数,从而使复合材料的强度提高。

(5)扩散理论

该理论认为聚合物的相互间黏结是由表面的大分子相互扩散所致。两相的分子链互相扩散、渗透、缠结,形成了界面层。扩散过程与分子链的分子量、柔性、温度、溶剂、增塑剂等因素有关。相互扩散实质上是界面中发生互溶,黏结的两相之间界面消失,变成了一个过渡区域,因此对黏结强度提高有利。当两种高聚物的溶解度参数接近时,便容易发生互溶和扩散,得到比较高的黏结强度。

(6)静电理论

该理论认为,两相表面若带有不同的电荷,则相互接触时会发生电子转移而互相黏结,这种静电力是黏结强度的主要贡献者。

(7)酸碱作用理论

该理论认为,酸性表面可与碱性表面通过酸碱相互作用结合。这里的酸碱是广义的酸碱。

有关复合材料界面作用的理论,除了上述几种外,还有其他一些理论。复合材料基体与纤维间界面的形成和破坏是一个极其复杂的物理和化学过程,尚有许多问题在研究之中。复合材料界面理论还很不完善,但随着人们对复合材料界面认识的不断深入,界面理论也在不断地发展、完善。

3.3.2　纤维的表面处理

为了改善增强材料与基体的浸渍性和与界面的结合强度,通过化学或物理的方法对增强材料表面进行处理,以改善增强材料本身的性能以及与基体材料的结合性能。纤维的表面处理大体有如下作用:

1)消除纤维表面的杂质或弱边界层,增大比表面积;

2)提高纤维对树脂的浸润性;

3)在纤维表面引入反应性官能团,以与基体树脂形成化学键;

4)在纤维表面接枝,形成界面过渡层。

纤维的表面处理有许多种方法,如偶联剂、表面氧化、低温等离子、表面接枝等。

1.偶联剂处理

偶联剂就是分子中含有两种不同性质基团的化合物,其中一种基团可与纤维发生化学或物理的作用,另一种基团可与基体发生化学或物理作用。通过偶联剂的偶联作用,使基体与纤维实现良好的界面结合,从而显著提高复合材料的性能。

偶联剂主要分为有机硅偶联剂,有机铬偶联剂,钛酸酯类偶联剂等。

2.表面氧化处理

(1)气相氧化法

在加热下用空气、氧气、CO_2、臭氧等含氧气体处理纤维表面,使表面产生羧基、羟基、羰基等含氧的极性基团,以利于纤维与基体树脂的界面结合。气相氧化法的优点是设备简单,反应时间短,易连续化;缺点是反应难控制,重复性差,而且会使纤维产生损伤。

(2)液相氧化法

液相氧化法是用浓 HNO_3、H_3PO_4、$HClO$、$KMnO_4$ 等溶液或混合溶液为氧化剂,对纤维表面进行氧化处理。液态氧化法虽然简便易行,但纤维吸附的酸很难洗净,还存在"三废"治理难题,因此难以工业化。

(3)阳极氧化法

阳极氧化法是以碳纤维为阳极,石墨或其他电极为阴极,用电解产生的初生态氧对碳纤维进行表面处理。其优点是操作简便,易控制,处理时间短,处理均匀,是目前工业上对碳纤维进行处理普遍采用的方法。阳极氧化后纤维表面的活性会因放置时间延长而衰退。因此表面处理后一般马上涂覆一层树脂加以保护,以解决活性退化问题。

3.表面涂层

表面涂层法是将某种聚合物涂覆在纤维表面,以改变复合材料界面层的结构与性能。表面涂层有以下四方面的作用:①涂层可保护纤维免受损伤,提高纤维的集束性,有利于发挥纤维的强度;②涂层可改变纤维表面性能,提高纤维对基体树脂的浸润性;③涂层中若有反应性官能团则有助于纤维表面与基体树脂的化学结合;④涂层可防止表面处理后纤维表面活性的消失。

4.化学气相沉积(CVD)

化学气相沉积是在高温还原性气氛中,使烃类、金属卤化物等还原成碳化物、硅化物等,在纤维表面形成沉积膜或生长出晶须,以改善纤维的表面形态结构。该方法常用于金属基和陶瓷基复合材料的纤维,主要用作碳纤维的表面改性。

5.低温等离子处理

低温等离子处理具有对纤维损伤小,处理效果好,无"三废"问题等优点,是很有前途的增强纤维表面处理方法。增强纤维经低温等离子处理后,因表面极性基团的引入,对水的浸润性提高。

6.表面接枝

表面接枝可分为表面接枝聚合和表面偶合接枝两种类型。

表面接枝聚合是通过某种特殊技术,使聚合物表面产生活性种,用该活性种引发乙烯基单体在材料表面接枝聚合。通过表面接枝聚合,材料表面生长出具有特殊性能的接枝聚合物层,从而达到显著的表面改性效果。引入活性点的方法有光化学法、射线辐射法、紫外线法、等离子体法等。

表面偶合接枝法是利用基材表面的官能团与带有活性官能团的接枝聚合物反应,把聚合链接枝到基材表面上,从而实现材料的表面改性。

思　考　题

1. 固体火箭发动机壳体碳纤维的主要特点是什么?
2. 简要说明几种耐高温树脂及其特点。
3. 干法缠绕树脂体系的特点是什么?

第4章 壳体芯模设计及成型技术

4.1 芯模设计原则及材料

芯模是壳体缠绕成型的模具。发动机壳体内型面的几何形状、尺寸及其精度要靠芯模保证。

芯模设计的一般原则：①芯模的几何形状、尺寸精度、尺寸稳定性和表面质量应满足发动机壳体内型面的要求；②芯模结构的强度、刚度、整体性应能满足缠绕工艺使用要求，即能承受缠绕张力、外载荷及交变载荷的作用，在自重下弯曲变形小；③芯模应能满足基体树脂固化时温度及固化方式的要求；④芯模应具有良好的制造工艺性和可拆性；⑤芯模材料来源广，成本较低；⑥芯模重量轻，以便在生产中运输及使用。

芯模材料选择时需考虑的因素：芯模的线胀系数影响制品固化后的尺寸精度；芯模材料的拉伸模量影响制品的力学性能和尺寸精度；芯模材料的导热性能影响制品的固化度；芯模的含水量严重影响基体树脂的固化，甚至会引起复合材料分层开裂。

芯模材料一般分为两类：①熔、溶性材料；②组装式材料。常用的壳体芯模材料有石膏、钢、铝、砂/聚乙烯醇等。

选择芯模材料时应考虑壳体的生产批量、尺寸形状及性能要求。批量大的纤维缠绕制品芯模，宜用金属模，既可反复多次使用，又可以较严格地保证尺寸精度。单件或小批量制品，或者形状复杂、尺寸较大又不易机械加工的制品，采用石膏芯模或砂/聚乙烯醇芯模比较适合。同时，芯模材料的选择在很大程度上还取决于脱模方法，选材前一定要仔细考虑如何脱模；芯模材料既不能被树脂腐蚀，也不应影响树脂体系固化。另外，石膏芯模不适合大张力缠绕，否则容易发生芯模塌陷等问题而影响产品质量。

随着新材料的发展，近期国内外均出现将晶体盐、易熔金属等材料用作可破坏芯模材料的做法，这类芯模可用机械破坏、冲刷、熔炼，或在正常温度或高温下用相应液体溶解等方法除去。

目前，已经开发出一种可快速修复并可用于复杂型面复合材料生产的可重复使用的芯模系统。这种使用 Veriflex™（形状记忆聚合物）制造的新型芯模生产系统，芯模具有可拆装与可重复使用的特性，能够在很大程度上减少劳动力的使用与资源浪费，可大幅度降低生产复合材料零部件的成本与时间。通过合理地设计，用于制造可重复使用芯模的形状记忆聚合物具有模量快速转变的特性，这种特性使得芯模系统可以在弹性状态与刚性状态间转变，并具可控性。这样，在安装与拆卸过程中，芯模具有弹性，而在复合材料缠绕过程中其结构可保持稳定。

4.2　芯模制备技术

在发动机壳体生产中主要采用下列两种芯模:砂/聚乙烯醇芯模,石膏面层金属骨架组合芯模。

4.2.1　砂/聚乙烯醇芯模

砂芯模材料采用石英砂/聚乙烯醇,芯模结构如图 4-1 所示。石英砂/聚乙烯醇芯模的制备工艺流程如图 4-2 所示。

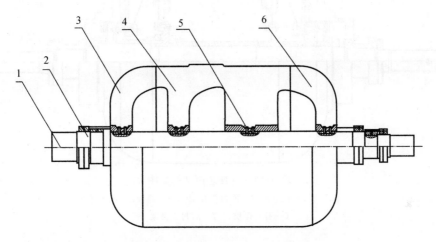

图 4-1　砂/聚乙烯醇芯模结构简图

1—芯轴;　2—紧固螺母;　3—前封头;　4—筒段;　5—键;　6—后封头

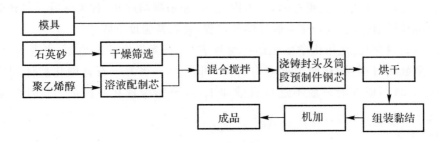

图 4-2　石英砂/聚乙烯醇芯模制备工艺流程

石英砂/聚乙烯醇芯模的制作过程为:

1)分段预制前、后封头及筒段:将经筛选、干燥并预热的铸造型砂,同聚乙烯醇水溶液混合、搅拌均匀,倒入放在振动台上的金属模具中浇铸成型。在炉中烘干后,从模具中脱出。

2)将预制好的前、后封头及筒体各段装配在金属芯轴上,各段之间用水溶性黏合剂黏结。考虑到线胀系数的不同,预制块中只有前封头与芯轴固定,其余各段与芯模轴之间应可以相对滑动。

4.2.2 石膏面层金属骨架组合芯模

这种芯模通常也简称石膏芯模,采用高精度的芯轴和刮刀来保证芯模的几何形状和尺寸精度。因为是刮制成型,所以这种芯模对骨架的强度、刚度及石膏面层的质量要求很高。

石膏芯模的结构如图4-3所示。

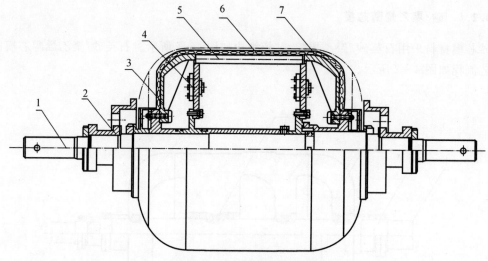

图4-3 石膏芯模结构简图

1—轴; 2—定位盘; 3—前封头骨架; 4—隔板; 5—铝管;

6—石膏面层; 7—后封头骨架

石膏芯模的制备工艺如下:

(1)石膏的工艺性能

石膏加水后成为可塑的流动浆体,然后逐渐变得浓稠和致密,表示凝结开始,称为初凝;随后石膏开始结晶直至最后失去可塑性,变为固态物,表示凝结终止,称为终凝。石膏浆必须在初凝结束前浇铸或刮制成型,否则会破坏结晶过程,使石膏强度下降。

在终凝以后,物理变化和化学变化还将继续进行,石膏强度逐渐增加,表现为硬度增加。该过程是一个放热过程,硬化时温度略有升高,可达40～50℃。石膏硬化后体积膨胀了约1%。因为对石膏芯模表面一般不进行机械加工,这个膨胀量在芯模刮刀设计时必须加以考虑。

(2)骨架组装

将隔板、蒙皮、封头衬瓦等组装到芯轴上,牢固联结。蒙皮及封头衬瓦的表面缠上细苎麻绳,以利于和石膏黏结。

(3)石膏面层刮制

将组装好的芯模骨架装卡在芯模成型机上,装上成型刮刀;并用水将骨架的苎麻绳表面润湿。在石膏搅拌机中按一定的水灰比(一般为1:1)将石膏粉加入计量好的水中,充分搅拌;及时从搅拌机中放出石膏浆,装入塑料盆待用。

待石膏浆开始初凝时,迅速、均匀地将其上到芯模骨架表面,开动成型机使芯模转动进行刮制,刮制时要求石膏层密实,及时排除气孔等缺陷。停机后迅速卸下刮刀。

(4)烘干和修整

芯模在鼓风干燥炉中烘干,炉温为 $60\pm5℃$,升温时间约为 $3\sim4$ h,恒温时间视芯模尺寸大小及石膏层厚度而定,一般不少于 60 h。停止加热后芯模随炉冷却,当炉温与室温之差不大于 5℃时方可出炉。

芯模烘干后,进行表面修整和尺寸测量。然后进行绝热层包覆。

思　考　题

1. 固体火箭发动机复合材料壳体芯模的主要材料有什么?
2. 固体火箭发动机复合材料壳体芯模的设计原则是什么?

第5章 内绝热层材料及成型技术

5.1 内绝热层材料

内绝热层是发动机的重要组成部分,应能承受发动机在推进剂浇铸、固化、贮存、运输、飞行和工作过程中所引起的各种应力的作用。发动机壳体的内绝热层主要是通过隔热和"烧蚀机理"来保护壳体的。因此其导热系数和热扩散系数应尽可能小,比热容尽量大;同时,应具有高的有效烧蚀热,即烧蚀单位质量的绝热层材料应吸收尽可能多的热量。此外,内绝热层还应具有下述优点。

1)内绝热层应具有良好的力学性能,即一定的拉伸强度和足够的伸长率,以适应发动机增压、热循环以及与壳体/推进剂线膨胀系数存在差异的情况。

2)内绝热层与壳体材料及推进剂应具有良好的相容性,使之能获得可靠的黏结,但又不能改变相邻材料的性质和组分。

3)内绝热层的密度应当小,有较低的导热系数,延伸率应高,有较好的耐环境性能和抗老化性能。而且还应具有工艺性能好,成本较低的优点。

发动机壳体上应用的内绝热层主要是一种软片型弹性体基内绝热材料,它是以橡胶为基体,配以多种填料及配合剂制得的。20世纪80年代以前,国外固体火箭发动机所用内绝热层材料基本是石棉/丁腈橡胶材料,如海神Ⅰ级、北极星Ⅰ级、大力神Ⅱ级等。当前,三元乙丙橡胶是应用最广泛的内绝热层材料,如美国的三叉戟系列导弹、MX导弹,日本的M-5火箭以及俄罗斯、意大利的一些导弹型号等。一些典型的软片型弹性体基内绝热层材料见表5-1。

为降低温度载荷下固体火箭发动机两端的应力集中水平,多数发动机在头部和尾部均设有人工脱黏层。人工脱黏层也是一种高柔性、耐烧蚀、黏结性能良好的内绝热材料。对人工脱黏层的性能要求和对壳体内绝热层的要求相类似。所以,一般情况下,人工脱黏层选用与内绝层相同的软片材料。根据需要,也可选用伸长率更高,曲挠性能、特别是低温曲挠性能更好,与推进剂相容性更理想的材料。表5-2列出了几种人工脱黏层材料。

表5-1 典型的软片型弹性体基内绝热材料

	材料牌号	Gen-Gard V-44	Gen-Gard V-45	DFTR 0656	9621	Gen-Gard V4030	ARI-2727	J-90-1
成分	黏合剂	丁腈	丁腈	丁腈-酚醛	丁腈	三元乙丙	三元乙丙	三元乙丙
	填料	石棉 二氧化硅	二氧化硅		石棉 二氧化硅	石棉 二氧化硅	芳纶	石棉

续 表

材料牌号	Gen – Gard V – 44	Gen – Gard V – 45	DFTR 0656	9621	Gen – Gard V4030	ARI – 2727	J – 90 – 1
密度 kg·m^{-3}	1 280	1 220	1 290	1 240~1 260	1 090	1 160	1 080~1 100
拉伸强度 MPa	7.7~10.5	17.5	20.7	5.0~8.0	2.6	7.76	2.5~4.0
伸长率 %	300~400	＞400	2.6	100~500	623	19	100~300
导热系数 W·(m·K)$^{-1}$	0.223	0.219	0.356	0.202		0.36	0.192
比热 J·(kg·K)$^{-1}$	1 842	1 717	1 382	2 010		1 424	2 177
线烧蚀率 mm·s^{-1}	0.74① (发动机)	1.32① (发动机)	0.04② (氧乙炔)	0.13~0.18② (氧乙炔)			0.13~0.18② (氧乙炔)

(主要性能)

注:①指发动机热试车后材料的线烧蚀率;②指氧乙炔烧蚀试验后的线烧蚀率。

表 5 – 2　几种人工脱黏层性能

牌 号	成 分		主要性能					
	黏合剂	填料	密度 kg·m^{-3}	拉伸强度 MPa	伸长率 %	导热系数 W·(m·K)$^{-1}$	脆化温度 ℃	线烧蚀率 mm·s^{-1}
RT – S – 16	丁腈	石棉	1 140	3.43	1 047	0.24	−42	0.22
RT – S – 24	丁腈	石棉	1 250	3.33	1 301	0.29	−35	0.17
	三元乙丙	石棉	1 140~1 200	6.0~9.0	200~400			0.18~0.24

5.2　软　片　制　备

9621 属软片型弹性体基内绝热材料,它是一种以丁腈橡胶为基体,配以石棉、二氧化硅等多种填料及配合剂制得的片材,柔软可曲,具有较高的变形适应性。软片的制备工艺如图 5 – 1 所示。

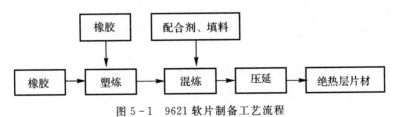

图 5 – 1　9621 软片制备工艺流程

橡胶的塑炼和混炼采用开放式或密闭式炼胶机。为了提高塑炼效果,使胶料具有足够的可塑性便于混炼和压延,在使用开放式炼胶机时,塑炼应分段进行,增塑剂也应分批加入,塑炼时应多次薄通并保持辊筒温度尽量低一些。压延出片通常使用三辊或两辊压延机。所得绝热层片材应光滑、平整、无气泡及明显夹杂,厚度均匀且尺寸偏差应在工艺允许范围内。

5.3 封头制备

封头模压成型工艺流程如图 5-2 所示。

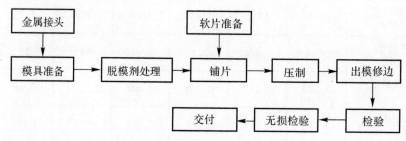

图 5-2 封头模压预成型工艺流程

按设计图纸对壳体内绝热层种类及厚度分布的要求,用模具将绝热层预先热压成型。后封头烧蚀条件恶劣处设计成双层绝热结构,用石棉/丁腈(9621)为底层与壳体黏结,有较高的柔性与隔热性能;而用碳纤维/丁腈—酚醛为面层,有优异的耐烧蚀、抗冲刷性能。按设计要求,将接头弹性衬层和人工脱黏层铺放在规定的部位,一起模压成型。绝热层材料在热压硫化后的收缩率,是模压模具设计时必须考虑的重要问题。

5.4 绝热层成型

与钢壳体不同,复合材料壳体内绝热层的成型,不是将软片贴到壳体的内表面,而是先将预制的封头绝热层套在壳体的芯模上,并在筒体部位黏贴软片,制备"绝热芯模"。然后在绝热芯模上进行纤维缠绕,绝热层的硫化与壳体复合材料的固化同时进行。因此,壳体内绝热层的贴片工艺,主要用于封头模压预成型及筒体段手工贴片。

1)涂脱模剂:在石膏芯模表面涂刷硅橡胶脱模剂,待脱模剂干燥后,刷胶黏剂(或胶浆),晾干。

2)准备模压封头:为与筒体绝热层密封连接,须将经无损探伤合格的前、后封头绝热层模压件搭接黏结面仔细地进行清除油污,并打毛、清洗,以确保连接的可靠。

3)套装、黏结:将前、后模压封头套装并黏贴到石膏芯模上。

4)筒体段手工贴片:将规定厚度的未硫化片材裁剪成所需尺寸,经清洗涂胶,即可在筒段铺放黏贴,并与封头模压预制件黏结在一起。

5)清洗涂胶:黏贴到缠绕芯模外表面的绝热层,经清洗涂胶后就可在其上直接进行纤维缠绕。最终,绝热层与复合材料壳体结构层共固化成型。

思 考 题

1. 固体火箭发动机壳体内绝热层的作用是什么?
2. 固体火箭发动机壳体内绝热层材料有哪些?

第6章　壳体成型技术

固体发动机壳体成型采用纤维缠绕工艺,即将经过浸胶的连续增强纤维,按照一定规律缠绕到芯模上,然后固化成制品。复合材料和壳体结构都在这同一工艺过程中形成。因此,复合材料壳体结构设计的主要特点是材料设计和结构设计必须同时进行,这和金属壳体的结构设计有很大的不同。设计复合材料壳体,一方面应正确选择原材料、分析复合材料的性能及结构;另一方面必须确定合理的缠绕线型和铺层方案,使之满足结构方面的要求。

6.1　预浸纱带制备

6.1.1　预浸纱带制备的工艺流程

预浸纱带(也简称纱带)的浸胶在预浸胶机上连续进行,制备工艺流程如图 6-1 所示。

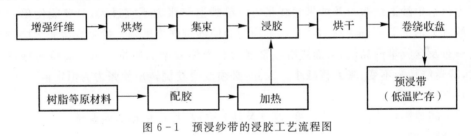

图 6-1　预浸纱带的浸胶工艺流程图

6.1.2　技术指标

预浸纱带的主要技术指标有:纱带宽度、强力、含胶量和挥发分质量分数。

含胶量是纱带所含树脂的质量分数。不同纤维的纱带含胶量也不同,玻璃纤维纱带为$(22\pm2)\%$,芳纶纤维纱带为$(32\pm2)\%$,碳纤维纱带为$(30\pm2)\%$。含胶量可用安装在浸胶前纱带上方及烘干后纱带上方的两个 γ 射线监测器进行监测,并通过计算机对有关参数进行控制。

挥发分质量分数是纱带中易挥发物(如水、溶剂、低分子化合物等)的质量分数。挥发分质量分数过高,壳体中易产生气泡,并且会影响基体树脂大分子间的结合力,使结构不紧密。一般要求挥发分质量分数不超过 1.5%。

纱带强力是指其受拉伸而断裂时的最大载荷值,依设计要求而定。

纱带宽度及偏差与纤维股数及含胶量有关,它对缠绕时纱带排布的均匀性有较大影响。

6.1.3　工艺参数

为使纱带充分浸透,同时控制好含胶量、挥发分和预固化度,必须控制好下列工艺参数。

(1)胶液浓度

胶液浓度是指基体树脂在溶液中的质量分数。浓度直接影响纱带的浸透程度和含胶量。因为,若胶液浓度低,则渗透力强,但挂胶量少;反之则挂胶量多而不易浸透、易产生浮胶。胶槽中胶液浓度的均匀性也会影响纱带含胶量的均匀性。胶液浓度受溶剂加入量、胶液温度及环境温度影响。因为测定或实时监测胶液浓度比较困难,实际生产中用监测胶液密度的方法间接确定胶液浓度,并通过调节溶剂加入量及胶槽温度控制胶液浓度。

(2)胶液黏度

胶液黏度影响胶液对纱带的浸渍和纱带的含胶量。胶液的黏度过大,纱带不易浸透,反之则含胶量太低。胶液黏度一般控制在 $0.35\sim1.0\text{Pa}\cdot\text{s}$。通常用调节胶液的浓度和温度来控制胶液黏度。

(3)烘干温度

纱带浸胶后,为驱除溶剂、水分及挥发物,使基体树脂预固化,纱带成形,必须进行烘干。烘干温度和时间影响纱带的干湿程度和预固化度。烘干温度过高、时间过长,树脂的预固化度偏高,纱带偏干,影响壳体成型时树脂的流动及进一步交联和黏结力;温度低、时间短,则挥发分质量分数偏高,纱带湿、软、不成形,给缠绕时纱带退绕及导纱带来困难,且固化时壳体易产生气孔。

(4)张力

张力包括单纱退绕张力及纱带卷绕张力。单纱退绕张力不宜过大,只要能使单纱均匀平稳地从纱管上退下即可,但一定要均匀,不均匀会使纱带强力下降。纱带卷绕张力将影响带中纤维的排布及含胶量的高低,从而影响纱带强力和壳体成型的质量。由于卷绕时纱盘卷径不断加大,若卷绕转矩不变,张力将减小。因此,必须改变卷绕转矩使张力为恒定值。

(5)挤胶辊间隙

挤胶辊间隙影响纱带排布的宽度、厚度及纱带含胶量,应根据需要调整。

(6)浸胶速度

浸胶速度影响纤维浸渍时间和烘干时间,受树脂配方、胶槽及烘干炉长度、环境温度等因素支配。

(7)纤维烘干温度

纤维在空气中会吸收一定水分,芳纶纤维尤为严重,吸水量可高达6%,这将影响纤维与树脂的界面黏结,同时将引起应力腐蚀,使壳体强度和耐老化性能下降。所以纤维在浸胶前需要烘干,烘干时间和温度随纤维而定。浸胶时,纤维还要加以一定温度烘烤,以防止再次吸收水分。同时,应控制浸胶的环境温度和相对湿度,如有条件,还应控制厂房中空气的洁净度。

6.2 缠绕成型技术

6.2.1 结构设计

复合材料不同于传统的金属、陶瓷和有机材料,它在结构和性能上都具有可设计性。因此复合材料壳体结构设计是一个多因素的复杂的综合过程,目的是充分利用复合材料比强度和比模量很高的优点,设计出满足性能要求的轻质的结构。其基本设计原则可用如图6-2所示的流程表示。

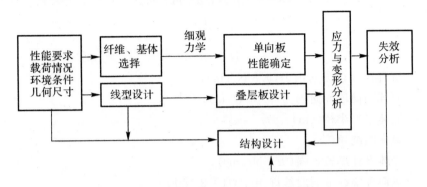

图 6-2　复合材料壳体结构设计流程图

对于纤维缠绕壳体,若不考虑基体的刚度,壳体的薄膜内力全部由连续纤维构成的网状结构承担,将这种设计方法称为网络分析法。网络分析法主要研究连续纤维的张力、纤维的平衡形状与股纱密度,虽不能解决弯曲、剪切、不连续应力和屈曲等问题,但该方法可以迅速简便地确定缠绕层的方向、数目和比例,不失为一种简便的设计方法。对于固体火箭发动机壳体筒身段能够给出满意的结果。网络分析法是建立在如下假定上的:

1)壳体是由连续纤维缠绕,纤维分布均匀、对称;

2)基体没有承载能力,壳体的薄膜内力全部由纤维承担,纤维只能承受轴向拉力,没有抵抗弯曲和剪切变形的能力;

3)股纱中各纤维的应力状态相同,承载能力相等。

为使材料用量最少,纤维缠绕壳体应进行等强度铺层设计;在内压作用下,当壳体上某一点的纤维应力达到破坏极限时,其他各点的纤维也同时达到了破坏值,即在纤维的各点上应力值相等。通常把等强度纤维缠绕结构称为等张力结构。按等张力结构的要求布置纤维和确定缠绕层次,是铺层设计的主要目标。

壳体缠绕方式有两种:纵向平面缠绕加环向缠绕和螺旋缠绕加环向缠绕,如图 6-3 所示。

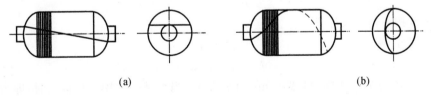

(a)　　　　　　　　　　　　　　　　　(b)

图 6-3　壳体缠绕方式

(a)纵向平面缠绕加环向缠绕;　(b)螺旋缠绕加环向缠绕

螺旋缠绕的线型呈螺旋线。平面缠绕和环向缠绕的线型为平面曲线。完成螺旋缠绕的每一循环(铺满芯模表面)包含两层;环向缠绕只能在筒体上进行,缠绕层数可以是偶数或奇数。螺旋缠绕和纵向平面缠绕在壳体结构设计中不加区别,统称为纵向缠绕。

1.圆筒段层次设计

在内压作用下,壳体圆筒段的轴向内力全部由纵向纤维承担,环向内力则由环向纤维和纵向纤维共同承担,即

$$N_L = n_z f_z m_z \cos^2 \alpha$$
$$N_H = n_z f_z m_z \sin^2 \alpha + n_h f_h m_h \Biggr\} \qquad (6-1)$$

$$N_L = \frac{Rp}{2}$$

$$N_H = Rp$$

式中　N_L——壳体圆筒段纵向内力(9.8 N/cm)；

　　　N_H——壳体圆筒段环向内力(9.8 N/cm)；

　　　R——壳体平均半径(cm)；

　　　α——纵向缠绕角(°)；

　　　p——壳体设计爆破压强(9.8 N/cm^2)；

　　　f_z——纵向缠绕纱带的股纱许用强力(9.8 N/股)；

　　　f_h——环向缠绕纱带的股纱许用强力(9.8 N/股)；

　　　m_z——纵向排纱密度[股/(cm·层)]；

　　　m_h——环向排纱密度[股/(cm·层)]；

　　　n_z——纵向缠绕层数(层)，每一个循环为两层；

　　　n_h——环向缠绕层数(层)。

可以得到

$$\frac{Rp}{2} = n_z f_z m_z \cos^2 \alpha$$
$$Rp = n_z f_z m_z \sin^2 \alpha + n_h f_h m_h \Biggr\} \qquad (6-2)$$

将(6-2)式的两式相除,则有

$$\frac{n_h m_h}{n_z m_z} = (3\cos^2 \alpha - 1)\frac{f_z}{f_h}$$

于是可得到设计内压为 p 时的层数计算公式:

$$n_z = \frac{Rp}{2f_z m_z \cos^2 \alpha}$$
$$n_h = \frac{Rp}{2f_h m_h}(2 - \tan^2 \alpha) \Biggr\} \qquad (6-3)$$

排纱密度按下列公式计算。

(1)纵向排纱密度

$$b_z = 2\pi R \cos\alpha / M$$

式中　b_z——纵向缠绕纱带的带距[cm/(条/层)],当纱带一片挨一片排列时,即为带宽；

　　　M——纵向缠绕一个循环时芯模表面排布的纱带条数(条/层),数值与缠绕圈数相同。

$$m_z = N_z / b_z$$

式中　N_z——纵向缠绕每条纱带中所包含的纤维股数(股/条)。

(2)环向排纱密度

$$m_h = N_h / b_h$$

式中　b_h——环向缠绕纱带的带距[cm/(条/层)]；

　　　N_h——环向缠绕每条纱带中所包含的纤维股数(股/条)。

2.壳体圆筒段的壁厚

(1) 纤维层厚度

环向及纵向每层的纤维厚度为

$$t_{Fh1} = A_0 m_h \qquad t_{Fz1} = A_0 m_z \tag{6-4}$$

式中　　t_{Fh1}—— 环向每层的纤维厚度(cm)；

$\qquad t_{Fz1}$—— 纵向每层的纤维厚度(cm)；

$\qquad A_0$—— 纱带中每股纤维的截面积(cm^2)。

壳体环向层及纵向层的纤维总厚度为

$$t_{Fh} = n_h A_0 m_h \qquad t_{Fz} = n_z A_0 m_z \tag{6-5}$$

式中　　t_{Fh}—— 壳体环向层的纤维总厚度(cm)；

$\qquad t_{Fz}$—— 壳体纵向层的纤维总厚度(cm)。

壳体纤维层总厚度为

$$t_F = t_{Fh} + t_{Fz} \tag{6-6}$$

根据纤维支数的定义，A_0 可由下式求得：

$$A_0 = \frac{1}{100\beta\rho_F}$$

式中　　β—— 每一股纤维每一克重的长度,即支数(m/g)；

$\qquad \rho_F$—— 纤维密度(g/cm)。

(2) 复合材料壁厚

将壳体壁中基体树脂的质量分数考虑在内,引入树脂体积分数 V_R,有

$$V_R = \frac{W_R}{W_R + (1 - W_R)\rho_R / \rho_F} \tag{6-7}$$

式中　　ρ_R—— 基体树脂密度(g/cm^3)；

$\qquad W_R$—— 壳体复合材料中基体树脂的质量分数(%),一般由实验测定。

纤维体积分数为

$$V_F = 1 - V_R \tag{6-8}$$

设复合材料仅由纤维及基体组成、孔隙率为零,有

$$t_{cz} = \frac{t_{Fz}}{V_{Fz}} = t_{Fz} k_{Fz} \tag{6-9}$$

$$t_{ch} = \frac{t_{Fh}}{V_{Fh}} = t_{Fh} k_{Fh} \tag{6-10}$$

$$t_c = t_{cz} + t_{ch} \tag{6-11}$$

式中　　t_{cz}, t_{ch}, t_c—— 纵向、环向和壳体复合材料厚度(cm)；

$\qquad V_{Fz}, V_{Fh}$—— 纵向和环向纤维体积分数(%)；

$\qquad K_{Fz}, K_{Fh}$—— 纵向和环向纤维体积分数系数。

$$\begin{cases} K_{Fz} = 1/V_{Fz} \\ K_{Fh} = 1/V_{Fh} \end{cases} \tag{6-12}$$

由于孔隙的存在,计算所得的 t_c 值要按工艺情况加以修正,一般实际值为

$$t_c' = (1.05 \sim 1.10)t_c$$

某些固体火箭发动机壳体的圆筒段并非圆柱形而是锥形。锥形壳体由于圆筒段两端直径

不等,在铺层设计时一般以大端直径为壳体筒段直径,按网格理论,合理排布纵、环向纤维以达到一个平衡结构。这样的设计虽然缺点是直径小的筒体部分纤维有富余,没有充分发挥作用,但由于设计方法和工艺简便易行,在实际中得到了应用。

3. 封头层次设计

壳体缠绕时,封头上不能进行环向缠绕,所以封头的强度只能由筒体延续到封头上的纵向纤维提供。

固体火箭发动机壳体的封头型面一般为回转面,如图6-4所示,纤维在封头上分布有下列特征。

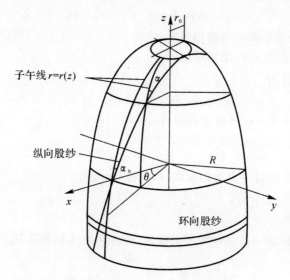

图6-4　纤维在封头上的缠绕轨迹

1)纵向缠绕每一循环是两层,通过封头上任一点的纱带总是以绕角为 $\pm\alpha$ 成对地分布在子午线的对称位置上;

2)纱带在封头上各点处的缠绕角 α 是变化的,它是平行圆半径 r 的函数,即 $\alpha=\alpha(r)$,在封头和筒体连接处(赤道圆外)的缠绕角 α_0 等于筒体纵向纱带的缠绕角,在极孔处 $\alpha=90°$;

3)封头的缠绕层数等于纵向缠绕层数 n_z ,通过封头各平行圆的股纱数量相等,并且等于通过赤道圆的纵向纤维的股纱数量。

显然,股纱密度是平行圆半径的函数。有

$$\frac{p\rho_2}{2}=n_z f_z m_{zr}\cos^2\alpha$$

$$\frac{p\rho_2}{2}\left(2-\frac{\rho_2}{\rho_1}\right)=n_z f_z m_{zr}\sin^2\alpha \tag{6-13}$$

式中　m_{zr}——半径为 r 的平行圆上的排纱密度;

　　ρ——壳体内部压强;

　　ρ_1,ρ_2——封头型面的经线和纬线的曲率半径。

封头的层次可由式(6-13)计算,其中 m_{zr} 可由下式计算:

$$m_{zr}=m_z\frac{R\cos\alpha}{r\cos\alpha_r}=m_z\frac{R}{r}\frac{\sqrt{(1-r_0^2/R^2)}}{\sqrt{(1-r_0^2/r^2)}} \tag{6-14}$$

当 $r=r_0$ 时，即在极孔处，得出 $m_{zr} \to \infty$，说明在极孔处纱带堆积很剧烈。实际上，纱带有一定宽度，纤维不可能集中在极孔圆周上。

设纱带宽度的 $1/2$ 为 δ，极孔圆周上的排纱密度为

$$m_{zr0} = \frac{R\cos\alpha}{\sqrt{2r_0\delta}} \qquad (6-15)$$

封头各点处的厚度是不相等的。由于厚度变化，壳体封头的中面将偏离芯模的曲面形状，引起各处曲率半径 ρ_1 和 ρ_2 计算困难，因而使封头的层次计算十分复杂；而且如前所述，封头的缠绕层是由筒体延续过来的。因此，壳体实际设计中并不按封头所能承受的内压进行层次设计，而是考虑了应力平衡系数 K（$K = \sigma_{Fz}/\sigma_{Fh}$，$K < 1$，$\sigma_{Fz}$ 为纵向纤维发挥强度，σ_{Fh} 为环向纤维发挥强度），按筒体所承受的内压进行层次设计。对于碳纤维复合材料壳体来说，由于碳纤维/环氧复合材料的刚性比玻纤及芳纶纤维复合材料更大，而且对极孔金属件边缘的应力集中更敏感。因此必须对其封头进行局部补强。

4.壳体圆筒段的强度及变形校核

（1）强度校核

层次确定后或壳体爆破时的纤维发挥强度由下式计算：

$$\begin{cases} f_z = \dfrac{Rp}{2n_z m_z \cos^2\alpha}, & \sigma_{Fz} = f_z/A_0 \\[2mm] f_h = \dfrac{Rp}{2n_h m_z}(2-\tan^2\alpha), & \sigma_{Fh} = f_h/A_0 \end{cases} \qquad (6-16)$$

环向复合强度

$$\sigma_{ch} = Rp/t_c \qquad (6-17)$$

比强度

$$\lambda_{ch} = \sigma_{ch}/\rho_c \qquad (6-18)$$

式（6-18）中复合材料密度 ρ_c 值由实验测定，也可由下式算得：

$$\rho_c = V_F \rho_F + V_R \rho_R \qquad (6-19)$$

（2）变形校核

设内压作用下环向纤维的应变为 ε_{Fh}，纵向纤维的应变为 ε_{Fz}，有

$$\begin{cases} \varepsilon_{Fh} = \sigma_{Fh}/E_F + (\sigma_{Fh}/E_F)^2 \\[2mm] \varepsilon_{Fz} = \sigma_{Fz}/E_F + (\sigma_{Fz}/E_F)^2 \end{cases} \qquad (6-20)$$

筒体的环向应变 ε_h 及轴向应变 ε_z 为

$$\begin{cases} \varepsilon_h = \varepsilon_{Fh} \\[2mm] \varepsilon_z = \dfrac{\varepsilon_{Fz} - \varepsilon_{Fh}\sin^2\alpha}{\cos^2\alpha} \end{cases} \qquad (6-21)$$

当已知 σ_{Fh} 及 σ_{Fz} 值后，可求得环向、纵向纤维中及筒体环向、纵向的应变值；反之，若壳体设计时对筒体有刚度要求，即环向应变值 ε_h 有所限制，则可据式（6-21）算出环向纤维许用应力 ε_{Fh}，从而确定缠绕层次。

筒体的体积变形率 η 由下式计算：

$$\eta = 2\varepsilon_h + \varepsilon_z \qquad (6-22)$$

6.2.2　纤维缠绕工艺

将浸过树脂胶液的连续纤维,按照一定规律缠绕到芯模上,层叠成所需厚度,然后固化脱模成为制品的工艺过程,称为纤维缠绕工艺。复合材料和制品结构都在这过程中同时形成。

首先,纤维缠绕复合材料制品的比强度高。一般材料的表面缺陷是影响其强度的重要因素。缠绕纤维的单丝直径极细,表面缺陷较少,降低了微裂纹存在的概率。同时合股纤维束可以阻止微裂纹的扩展,并能使应力在纤维间通过树脂基体而互相传递。此外,缠绕纤维一般使用无捻粗纱,未经过纺织工序加工,因而强度损失小。缠绕成型可以按设计要求,控制纤维的铺层方向及数量,使制品实现等强度结构。缠绕成型可以使增强纤维的质量分数高达80%。因此,制品中纤维的强度、模量转化率高。其次,因为缠绕成型的工艺参数可以控制得比较严格,纤维缠绕复合材料制品性能重复性好、可靠性高。第三,缠绕工艺过程易于实现机械化和自动化,生产效率高,便于大批量生产。

1. 缠绕方式

根据在缠绕机上缠绕时基体树脂所处的物理状态不同,缠绕工艺可分为干法和湿法。干法缠绕采用经过事先浸胶、树脂经预固化处于 B 阶段的预浸胶带,预浸胶带是在浸胶机上浸胶并烘干的;湿法缠绕是在缠绕机上,将经集束、浸胶后的纤维,在控制张力的情况下直接缠绕到芯模上。

干法和湿法缠绕工艺流程如图 6-5 所示。

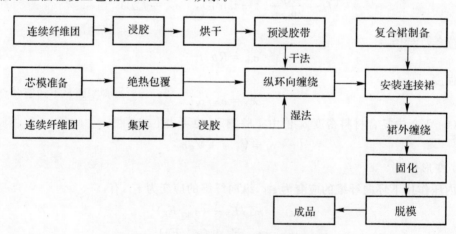

图 6-5　干法和湿法缠绕工艺流程图

干法缠绕采用经过预先浸渍处于 B 阶段基体树脂的预浸胶带,在缠绕机上对胶带进行加热软化,缠绕在芯模上。由于预浸胶带浸渍过程自成体系,纤维浸渍效果好;浸渍速度恒定,树脂质量分数可以实时监测并进行严格的控制。由于缠绕速度不受纤维的浸渍速度限制,因此缠绕速度高。预浸胶带比较黏,在芯模上不易打滑,可以允许缠绕线型对测地线有稍大的偏离,对不等开口的发动机壳体缠绕特别有利。干法缠绕设备清洁,工作条件较好。可以在干法缠绕前对预浸胶带的含胶量、挥发分、胶带尺寸及卷绕质量进行检测和筛选,因而可以较准确地控制制品的质量。

由于上述优点,干法缠绕在发动机壳体制造中率先得到应用,并得到普及。但是,因为增加了预浸工序,设备投资增加,生产成本提高。而且由于预浸带中树脂流动性较差,干法缠绕制品的气孔率略高,气密性和层间剪切强度略差。

湿法缠绕没有预浸渍工序,纤维浸胶在缠绕机上与缠绕同时进行。由于省却了预浸渍工序,湿法缠绕成本较低;所缠绕制品的气密性较好,层间剪切强度较高;浸过胶的纱片,其几何形状容易设计和控制,可以实现宽纱片缠绕,利于提高生产效率;湿法缠绕中,纤维上的树脂能起到必要的润滑作用,防止纤维受到磨损。但是,连续纤维的浸渍速度限制了缠绕速度的提高;湿法缠绕过程中制品的含胶量不易监测和控制;纱带张力不易控制;缠绕过程中,纤维经过浸胶辊和导纱辊时,容易发生纤维缠辊现象,需要经常擦拭,劳动强度大;缠绕的环境条件较差。

2.缠绕设备

缠绕机由芯模驱动和绕丝头驱动两大部分组成。最常见的是卧式缠绕机。为了在壳体封头上精确地布置纱带,防止松纱和保持张力稳定,绕丝头应具有垂直于芯模轴线的横向进给(伸臂)功能;为了防止小车反向时纱带打拧、保持纱带平展,绕丝头还应有回转功能,如图 6-6 所示。

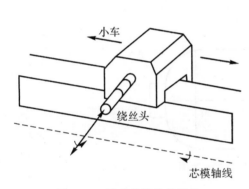

图 6-6　卧式缠绕机的运动

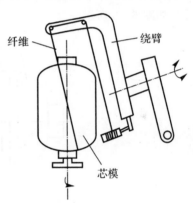

图 6-7　立式缠绕机的运动

立式缠绕机(见图 6-7)的芯模轴线垂直于地面,绕臂倾斜度由缠绕角而定。与卧式缠绕机相比,这种缠绕机控制简单,速度均匀,张力稳定,无绕丝头速度变化或反向引起的惯性力影响,生产效率高,适用于短粗的壳体缠绕。

缠绕机按控制方式可分为机械式、电液伺服数控、计算机控制三类。

机械式缠绕机结构简单,传动可靠,维修方便,投资少,应用广泛。速比微调采用选配挂轮或调节无级变速器的速比来实现。

数控和计算机控制缠绕机操作简单,控制精确,更换线型迅速,并且可实现多轴缠绕,特别适合缠绕有特殊要求、形状复杂的壳体(例如封头带反向喷管接头孔)。计算机控制缠绕机可以进行非线性缠绕和0°缠绕,小车和伸臂的位移精度可达 0.02 mm,绕丝头的回转精度可达 1'。在操作上,不用进行复杂的计算和选配挂轮,只要将壳体的几何参数及工艺参数从键盘输入,机内计算机即能进行编程,然后键入运行命令,缠绕机即可自动缠绕。现在开发的用户软件使操作更为简单,只要输入壳体几何参数及设计爆破压强、纱带许用强力、带宽、含胶量等工艺参数,计算机即能进行线型设计和工艺计算,确定缠绕层次和壳体厚度,并自动编制缠绕程序。

3.缠绕线型设计

发动机壳体一般由两个封头和筒身构成,缠绕时要使纤维位置稳定、不打滑,并均匀连续地布满芯模表面,相邻纤维既不重叠又不离缝,这就要求纤维按一定规律排布,这一规律称为"缠绕规律"。纤维从芯模上某一点开始,绕过芯模再回到此起始点在芯模上形成了一条不重复的缠绕线型称为标准线。缠绕规律不同,将得到不同的标准线。缠绕规律由芯模与绕丝头之间相对运动关系所决定。不同结构尺寸的壳体,要求纤维在芯模上作不同规律的排布,也就是要求芯模与绕丝头作不同规律的相对运动。线型设计的目的,就是找出壳体结构尺寸与线型,即芯模与绕丝头相对运动之间的关系。

正确设计缠绕线型是保证纤维缠绕壳体质量的重要前提,是壳体铺层设计的主要依据,同时又是对缠绕机的运动提出要求的依据。壳体规格尺寸不同,缠绕线型亦不同,一般可归结为环向缠绕、纵向平面缠绕和螺旋缠绕三种类型。

(1)环向缠绕

缠绕时,芯模绕自身轴线作匀速转动,绕丝头沿芯模筒体段轴线方向匀速移动。芯模每转一周,绕丝头移动一个纱带宽度,如此循环下去直至纱带均匀地布满芯模筒体段表面为止。其基本线型如图6-8所示。

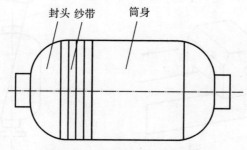

图6-8 环向缠绕线型示意图

(2)纵向平面缠绕

纵向平面缠绕又称"O"字形缠绕。缠绕时绕丝头在固定平面内作匀速圆周运动,芯模绕自身的轴线慢速旋转,绕丝头每转一圈,芯模旋转一个微小的角度,反映在芯模表面上是一个纱带的宽度b。纱带与筒体子午线的夹角称为缠绕角α。纱带与两端极孔相切,纱带依次排布。纤维缠绕轨迹是绕丝头运动所在平面与芯模相交所切截面的轮廓线,它是一条封闭曲线。其基本线型如图6-9所示。

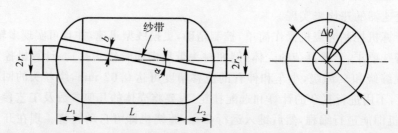

图6-9 纵向平面缠绕线型示意图

α—缠绕角; b—纱带宽度; r_1,r_2—前、后封头极孔半径; L_1,L_2—前、后封头的高度; L—筒段高度

（3）螺旋缠绕

螺旋缠绕的基本运动是芯模绕轴线匀速运动,绕丝头沿芯模轴线方向作间歇往复运动。螺旋缠绕的基本线型由封头上的空间曲线和圆筒段上的螺旋线所组成,如图 6 - 10 所示。纱带绕过极孔时要与极孔圆相切,而在筒身段,同一层纱带一般有交叉现象。

分析螺旋缠绕规律的方法有"切点法"和"标准线法"。切点法是通过研究缠绕线型在极孔圆周上对应切点的分布规律,找出芯模转角、线型和速比之间的关系。标准线法是从芯模表面的标准线出发,找出芯模尺寸与绕丝头及芯模相对运动的关系。两种方法得到的结果完全一致。纱带与极孔相切的情况,与发动机壳体的设计和工艺关系较大,因此,壳体线型设计中往往采用"切点法"。

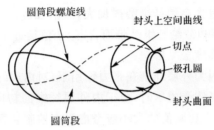

图 6 - 10　螺旋缠绕线型示意图

在芯模上完成一条标准线缠绕时,两端极孔圆周上的切点出现具有不同的规律。在极孔圆周上按时间顺序相继出现两个切点,它们的相互位置只能有两种情况:第一种情况是相邻的两个切点中间不再加入其他切点,两个切点之间的距离刚好能保证两个纱片紧密地排列(实际在极孔圆周上,纱带有堆积现象,纱带之间的距离要小于在筒身上的距离),称这两个切点为位置相邻切点;另一种情况是两个切点中间还要加入其他切点,称这两个切点为位置不相邻切点。位置相邻切点在极孔圆周上出现的顺序也有两种情况:一种是按时间顺序相继出现,称为时序相邻切点;另一种是不按时间顺序出现,称为时序不相邻切点。缠绕时封头极孔上出现的第一个切点称为"起始切点"。在起始切点的位置相邻切点出现之前,极孔上所有等分圆周的切点称为"初始切点"。初始切点可以是一个(就是起始切点),也可以是两个……直至 n 个,如图 6 - 11 所示。

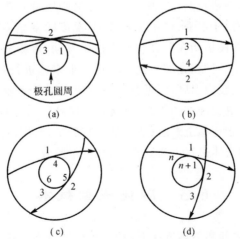

图 6 - 11　缠绕线型

(a)单切点线型;　(b)两切点线型;　(c)三切点线型;　(d)n 切点线型

4.缠绕关键工艺因素

(1)芯模表面温度

缠绕时芯模表面需要加热到 40℃ 左右,使纱带上的树脂有一定的流动性、变得柔软,以利于纤维排布,减少间隙。

(2)纱带张力

纱带张力的大小、纱带中各股纤维之间张力的均匀性及各缠绕层之间张力的量级变化,对壳体性能都有较大的影响。

施加张力的目的,是使壳体缠绕时纱带能准确地排列、受内压时各纱带能同时受力,有利于发挥纤维强度;同时使结构致密,改善复合材料的剪切性能。张力要足够大,不然结构会不够致密;但也不能过大,张力过大会使纤维磨损加大,影响强度。纱带初张力一般取其断裂强力的 5%~10%。对玻璃纤维和芳纶纤维纱带而言,这个值接近 10% 较好。张力应当均匀,不然纤维有松有紧,受力不均,强度会受影响。

缠绕张力应逐层递减。因为外层纤维在张力作用下,对内层纤维有压缩作用,使内层纤维松弛,造成外紧内松,这样在壳体受内压时,由于内外层纤维的初应力差异导致纤维不能同时受力,影响壳体承载能力。张力递减值的大小应考虑张力控制装置的精度,若过小则无实际意义;如果缠绕层次较多,可以几层递减一次。

(3)切点位置

由于极孔直径较小,纱带在极孔周围堆积严重,而且架空现象严重。所以,各缠绕循环之间,切点位置应作调整,以减少架空。

(4)纱带使用期

新鲜的预浸渍纱带手感柔软、且有黏性。在室温存放过程中,纱带中的基体树脂仍在不断地进行缓慢的固化交联反应,纱带会慢慢失去柔软性和黏性,变硬变脆。用这种树脂已基本失去流动性的纱带缠绕的壳体性能将会下降。所以预浸带从冷藏柜中取出恢复到室温后,应尽快地将其缠绕到壳体上,不要超过使用期。

(5)湿法缠绕的树脂质量分数

湿法缠绕发动机壳体带来的最大弊端就是壳体缠绕尺寸精度控制困难,主要原因是缠绕时树脂质量分数波动较大,不易控制。影响湿法配方树脂质量分数发生较大变化的原因主要有以下几点:①树脂黏度。由于冬夏、晨午温差较大,黏度随室温不同有较大变化。②缠绕张力。壳体缠绕时张力的施加使树脂在复合材料内发生移动,重新分布,造成不均匀,特别是内外层间的差异。一般在黏度、浸胶、壳体表观等方面采取措施进行控制。例如,采取胶槽加热或环境温度控制等方法控制胶液温度,降低胶液黏度的大幅变化;采用增加工装或参数控制的手段,对湿法缠绕精度进行更为准确的控制;缠绕后外层纤维张力的施加使制品中基体质量分数有较大变化,致使内层树脂迁移至外层,造成外层富胶层,水压检验时易发生开裂,表观质量较差,因此需对缠绕结束的壳体进行表面处理,清除富余胶液。

6.3 固化成型技术

固化是线型树脂在固化剂和加热条件下,发生化学反应而转变成不溶、不熔,具有体型结构的固态树脂的过程。这个过程是一个复杂的热、化学和力学性能急剧变化的过程。固化制度直接影响基体树脂的固化程度和壳体的强度,合理的固化制度应根据树脂配方、已缠绕好壳体的壁厚、结构尺寸和形状确定。

环氧树脂固化过程可分为凝胶、定型、熟化三个阶段,正确控制树脂凝胶时间,正确掌握树脂到达熟化阶段,都非常重要。在配方研制时,要根据差热分析初步确定固化制度,然后按壳体的实际情况作必要的修正。图 6-12 所示的是典型的环氧基体加热差热曲线。按照差热曲线制定的固化制度如图 6-13 所示。

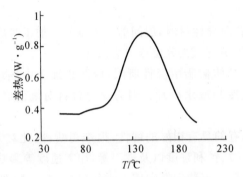

图 6-12　环氧基体的差热曲线

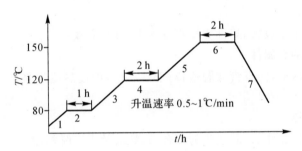

图 6-13　环氧复合材料的标准固化制度

第 1 阶段:将树脂从室温加热到 80℃;

第 2 阶段:预热树脂,并使其发生部分迁移;

第 3 阶段:将树脂加热到凝胶温度(120℃),在该温度条件下,树脂失去流动性和工艺性;

第 4 阶段:保障整个制品持续加热;

第 5 阶段:将温度升高到树脂的最佳固化温度(150℃);

第 6 阶段:保持到树脂聚合完全;

第 7 阶段:冷却到室温。

固化时升温速度不能太快,以免反应过激及溶剂等低分子物激烈析出形成气泡,升温速度一般为 0.5~1℃/min。

降温也应缓慢,以免壳体内部形成热应力,通常采用随固化炉降温至 40~50℃(或与室温之差小于 10℃)时出炉。

在固化加热过程中应使芯模缓慢转动以保证壳体受热均匀,同时避免树脂在固化前流向一侧。

由于树脂基复合材料通常具有相当低的导热性,对于厚壁构件,可能会出现外表面树脂开始聚合反应,而靠近芯模的内层尚未加热到该温度的现象。因此,厚壁构件常常会出现分层和开裂的缺陷。为了防止出现这种情形,可以在较低温度点增加保持时间。

目前,树脂固化方式多种多样,有微波固化、紫外固化、超声波固化等方法,而固化监测的方法有超声波法、介电测定法、量热法、力学阻抗分析法、扭辫分析法及光纤技术等。

6.4　机械加工技术及脱模

复合材料是非均质的各向异性材料,层间剪切强度差。加工时应注意材料的方向性,避免加工不慎造成壳体或试件损伤、劈裂、分层或应力破坏。

复合材料热导率小,受基体树脂耐温性所限,应防止加工中热量不易扩散而造成局部烧焦。根据需要,可采用空气冷却或水冷却。因为复合材料对潮湿和水分敏感,用水冷却加工后,应有相应的干燥措施。

复合材料的耐磨性好,有的具有很好的韧性,很难切断,因此对刀具的磨损大。加工质量受刀具材料,切削刃几何参数、锐利程度以及进刀量,加工速度等影响极大。

固化后的壳体,连同芯模一起装卡在车床上进行机械加工,按图纸的尺寸、精度及形位公差要求加工金属裙端框,前、后接嘴的配合面并为后接头钻孔。

机加后进行脱模:

1)将芯模垂直或水平放置,裙部支撑在支架上,抽出芯模;

2)拆除芯模内部的金属件;

3)用水冲洗壳体内部,使石膏层脱落;对于砂芯模,用过热蒸汽将砂与聚乙烯醇混合物冲下来;

4)清理壳体内绝热层。

脱模时要注意保护壳体前、后接头的配合面、螺纹及人工脱黏层。

思　考　题

1. 复合材料缠绕的几种形式是什么?
2. 简述影响复合材料制品含胶量的因素。
3. 简述影响复合材料制品缠绕质量的因素。

第7章 复合裙材料及成型技术

固体火箭发动机连接裙是发动机壳体的的重要组成部分,用于实现壳体级间段连接或发动机与火箭/导弹主结构等的连接。早期的固体火箭发动机壳体及连接裙均采用金属材料。但金属裙的消极质量大,不利于发动机质量比的提高。随着材料科学的发展,复合材料以其较高的比强度、比模量等优异性能在固体火箭发动机壳体上得到了广泛应用,复合材料连接裙(简称复合裙)也逐步取代金属连接裙,广泛用于火箭或导弹主结构的连接。

7.1 复合裙概述

复合裙由复合材料裙和复合材料连接加强层组成。与金属裙相比,复合裙具有以下特点:首先,复合裙可以较大幅度减轻结构质量,从而提高发动机的质量比;其次,采用复合裙可以避免裙与壳体连接部位的应力集中,提高发动机的可靠性;第三,复合裙制作周期短,材料消耗小,制造成本低。图7-1是复合裙的结构图。

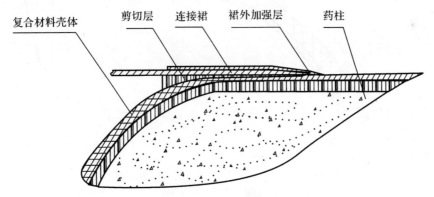

图7-1 复合裙结构图

由于复合裙能够有效解决裙与壳体连接处的变形协调问题,在内压检验后,连接处一般不会发生分层和开裂等损伤,故不会影响其承受外载荷的能力,因此,国外积极采用这种结构。美国MX导弹第三级发动机壳体采用了碳纤维和玻璃纤维混杂复合裙,前后裙用两层螺旋缠绕的玻璃纤维层连接,裙与壳体的连接采用弹性胶黏剂。美国"飞马座"运载火箭的Ⅰ、Ⅱ、Ⅲ级发动机,前后裙均采用整体式复合裙,和燃烧室缠绕成一个整体。"金牛座"运载火箭的第一级固体发动机"双子座α·120"的前后连接裙均为复合裙,采用预浸碳布[0°,±45°]和环向缠绕的预浸纤维制成,裙缠绕成型后和燃烧室一同固化。美国GEM固体火箭发动机前裙用预浸的IM-7碳纤维/环氧阔幅增强布([0°,±45°])增强。欧航局MAGE-Ⅰ、MAGE-ⅠS远地点发动机也采用了碳纤维、玻璃纤维和凯夫拉纤维层混杂复合材料交叠制作连接裙。俄罗斯的发动机均采用碳纤维和芳纶纤维的混杂纤维或混编布制作连接裙。

复合裙有多种成型方法,基本分为两类:一类是与壳体同时成型,这种结构与壳体连接的整体性好,连接处的强度和刚度性能优越,但成型工艺过程复杂、成本高;另一类是类似于铝裙,将裙做成复合材料预制件或半预制件,在壳体成型过程中将其与壳体连接。后者整体性能略差于前者,但由于其复合材料预制裙的刚度与壳体相同,故其与壳体的变形协调性仍然比较好,而且成型工艺简单,目前在发动机壳体技术中普遍使用。

7.2 复合裙制备方法

复合材料预制裙的成型有四种。

(1)带金属端框的预制裙

复合材料的机械加工精度较差,抗剪和抗挤压强度差,为了满足裙与发动机级间段的连接精度,提高连接的工作能力,在质量增加不大的条件下,在连接区中采用金属端框作为半预制裙,连接处由环向缠绕和铺放预浸胶带制作成型,最终采用铆接的方法加强连接处强度。其结构如图7-2所示。

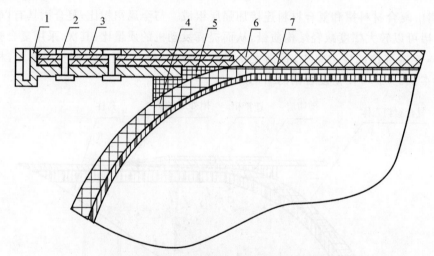

图7-2 带金属端框的预制裙结构示意图

1—端框; 2—铆钉; 3—金属箔; 4—承力壳体; 5—弹性件胶合层;
6—连接段缠绕层; 7—胶合层

(2)纤维/布缠绕预制裙

利用复合材料布经纬向可以设计的特点,经向纤维用于提供抗压强度和抗弯强度,纬向纤维提供侧向刚度,同时也增加裙的抗弯强度。制作预制裙时,可以采用碳纤维、玻璃纤维和芳纶纤维混杂纤维或混编布,也可以采用碳纤维布缠绕成型,增强材料种类及形式的选取需根据壳体承载要求、材料性能,通过计算确定。纤维/布缠绕复合裙的结构如图7-3所示,如图7-4所示为全碳布缠绕预制裙实物。

(3)低成本 RTM(Resin Transfer Moulding)预制裙

采用 RTM 技术制作预制裙的工艺为:在模腔内铺放好按设计要求计算得到的纤维增强预成型体,然后利用注射装置提供的压力将专用树脂注射到闭合的模腔内,直至预成型体完全被浸润,最后构件固化成型和脱模。

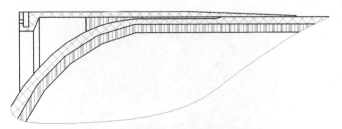

图 7 - 3 全复合连接裙结构示意图

图 7 - 4 全碳布缠绕复合预制裙

RTM 工艺能一次成型出复合材料裙体和法兰盘的整体结构,不但可省去法兰盘与裙体的连接工艺过程,而且可进一步减轻复合裙的质量。另外,采用织物和无纬带混合铺层的方法还有利于提高复合材料的抗轴压性能。如图 7 - 5 所示为 RTM 成型的预制裙实物。

图 7 - 5 RTM 工艺成型的复合材料预制裙

(4)轻质网格预制裙

网格预制裙由与圆筒壳体母线成某一角度的筋条和环向方向增强的内外蒙皮构成,如图 7 - 6 所示。网格预制裙可以有效降低壳体的消极质量,提高结构件承受压缩载荷的能力。

图 7-6　复合材料网格预制裙

思 考 题

1. 复合材料裙的特点是什么？
2. 简述几种复合材料裙的结构形式。

第8章 壳体外防护技术

固体发动机外防护技术是近年来先进国家航天技术发展的一个热点,研究内容非常广泛,粗略归结为如下两类:

1)发动机装药、装配、运输、储存过程中的防护技术;

2)导弹发射及飞行过程中发动机的防护技术。

发动机常规性的防护内容包括防潮湿,防静电,防霉菌,防盐雾,防雨、尘侵蚀,防冲击、振动等。国外针对未来高技术战争环境条件,以提高战术、战略导弹发动机,宇航发动机在发射和飞行环境中的生存能力和突防能力为目标,开展了抗高速气动热蚀、抗低轨道空间环境、抗激光、抗核爆等外防护技术。

8.1 外防热技术

固体火箭发动机的外防热主要包括气动加热防护和发动机燃气防护两部分。

外防热材料用于防护燃气对弹体底部的加热和飞行器飞出稠密大气层时的气动加热。其基本要求是易成型,成本低,质量轻,烧蚀、绝热性能好等。

外防热材料有多种结构形式,常用的有涂层式和多层结构式。①涂层式:由单层或多层涂层组成。涂层的黏合剂一般采用液体橡胶或树脂,填料种类较多,如短切的各种纤维、空心玻璃微球、酚醛微球及碳黑等,施工方式通常采用喷涂或刮涂等。外防热涂层施工结束后,通常在其外面再喷一层防静电涂料。②多层结构式:由隔热、防热及烧蚀层组成,其中隔热层由夹层或缠绕层构成。

8.2 抗低轨道空间环境侵蚀外防护技术

在用于空间领域时,发动机壳体复合材料,在近地轨道空间环境中易遭受热循环效应,真空紫外辐射,宇宙尘埃和微陨石撞击,带电粒子轰击,原子氧侵蚀等多种因素交叉作用的破坏。在空间环境中,不仅复合材料的机械性能和热物理性能会受到影响,其尺寸稳定性受到的影响更大。复合材料表面的挥发分会发生迁移、蒸发和升华,这种除气过程会一直不间断地进行。辐射会引起聚合物基体发生链的开裂,原子氧的侵蚀加速表面材料氧化、降解,导致材料粉化、脱落直至失效。

常用含氟聚合物作为外防护材料,主要化学组成是氟树脂或氟橡胶加纤维和粉状增强填料。氟树脂或氟橡胶主要有聚四氟乙烯、聚三氟乙烯以及二者的共聚物或四氟乙烯与六氟丙烯的共聚物。纤维状填料主要是玻璃纤维、硅酸盐纤维、一氮化硼纤维等。粉状填料有一氮化硼、石英、二氧化硅、氧化铝、氧化锆、氧化镁、氧化铍、玻璃、硅酸铝、二氧化钛、钛酸钡、钛酸钙、钛酸锶等。结构一般设计为双层罩形式,即外层具有耐高温、抗雨蚀、抗侵蚀的特性,内层具有较好的结构强度。

8.3　抗核效应技术

核装置在高空爆炸时,其能量的10%左右转化为光能,20%左右用于推动核弹碎片,其余的70%则以辐射能,主要以X射线的形式出现。这种强烈的X射线可使导弹壳体的表层受到高温高压的作用,所产生的热激波可使壳体结构变形破坏,甚至使推进剂着火。为了在敌方使用核装置拦截时不致被摧毁,在发动机外壁应设置防辐射材料进行抗核加固,这是导弹突防的基础和必要措施之一。

防辐射材料在结构上大都采用双层屏蔽的形式,由高原子序数材料屏蔽薄层和多孔材料应力波衰减层或保护层构成,多孔材料可为金属或泡沫。也有采用多层屏蔽结构的,如绝热层-玻璃纤维/环氧-锡箔屏蔽结构及碳/酚醛-酚醛玻璃钢-聚氨酯泡沫塑料酚醛玻璃钢结构。

整体缠绕式抗核加固外防护是一种轻质且简便易行的防护方法材料。材料由改性橡胶聚合物溶液浸渍纤维,连续缠绕在发动机壳体表面构成。纤维为碳纤维和芳纶纤维,橡胶基体材料是用芳纶浆粕和一氮化硼改性的乙烯-丙烯酸类弹性体聚合物。一氮化硼填料的加入使防护材料在烧蚀过程中生成白色炭化层,确保导弹在飞行过程中可连续不断地将大部分入射能反射掉。橡胶溶液的固体质量分数(固含量)为10%～40%,为满足湿法缠绕工艺浸渍纤维对溶液的技术要求,橡胶溶液必须保持一定的稠度和黏度。整体缠绕式防护材料具有如下特点:①直接缠绕在壳体表面,与壳体共同固化,形成完整的结构,简化了生产工艺,降低了制造成本;②对发动机壳体总厚度和总质量增加较少;③外层涂料选用高反射效率的防护材料,内层结构选用可吸收外界冲击波、X射线辐射的橡胶基复合材料,具有抗气动热、抗激光、抗核爆的综合防护功能。

8.4　抗激光技术

大功率激光器(激光炮)能发出功率达数百万瓦的激光束,激光武器的拦截可使导弹,特别是发动机受热流与压强可达数十兆帕的冲击波作用,使发动机表面变形而损坏,激光武器的破坏能量多处于1 000J/cm² 水平。

抗激光的防护措施是根据激光定向能武器对导弹拦截时,使导弹承受高温、高压冲击波袭击而破坏的原理,采用有效烧蚀热高、反射系数大的材料制成高反射性表面层和抗热结构的内层组织加固结构,如多涂层结构、多层屏蔽罩、三层结构及两层结构等,通过抗激光加固,导弹的抗激光水平能够达到10～20kJ/cm²,超过了激光武器的破坏能力。

表8-1列出了部分抗激光及抗核效应的材料与结构。

表 8-1　部分抗激光、抗核爆的材料与结构

序　号	抗激光	抗核爆
1	金属辐射层-防辐射薄膜-覆盖层	绝热层-玻璃纤维/环氧-锡箔
2	烧蚀绝热层-玻璃纤维复合材料-锡箔	碳/酚醛-酚醛玻璃钢-聚氨酯泡沫塑料-酚醛玻璃钢
3	二氧化硅布-酚醛	碳毡-三元乙丙胶

续 表

序 号	抗激光	抗核爆
4	氧化铝纤维复合材料	
5	软木复合材料-碳布/含钨树脂辐射层-软木复合材料	
6	碳布-钨箔	
7	碳/碳	碳/碳

　　外部防热、抗核辐射、抗激光的方案采用了层层叠加的办法,造成壳体外的防护层过厚,增加了导弹的消极质量。目前,抗核爆、抗激光以及外防热等多功能复合材料研究正在受到重视并取得一定进展。

思 考 题

1. 核辐射及激光打击的原理是什么?
2. 除本章介绍的防热方式外,你认为还有什么结构或形式的防热方式?

第9章 壳体检测技术

9.1 无 损 检 测

在复合材料构件制造过程中,不可避免地存在夹杂、气泡或分层等缺陷,这对复合材料制品的质量有直接影响。无损检验测试技术是在不破坏材料或产品的情况下,应用某些物理方法来测定材料或产品的性能,检查和评定其内部存在的缺陷,确定材料或产品的质量是否符合规定的标准,并据此评价材料或产品可靠性的技术。用无损检测来检验产品缺陷,是保证产品质量的重要方法。无损检测可在壳体零件和中间产品的制造过程中检测出原始的和加工后出现的缺陷,以控制工序质量;在壳体验收时用它来检验、判定壳体是否存在缺陷。

无损检测技术的发展有如下特点:

1)由定性检测向定量检测和评价方法研究方面发展,即相关技术人员不仅要知道是否有缺陷,缺陷在哪里,而且要知道缺陷的类型、尺寸、形状和取向等。这就促进了对成像技术和信息处理技术的研究,如超声的 C 扫描、B 扫描、相控阵扫描、CT 技术 P 扫描、射线 CT 技术、各种声光显微镜等。

2)发展实时和自动化检测技术,这不仅能提高检测速度,更重要的是可减少随机误差和人为误差。

3)发展多方法多功能综合检测与评价系统。

4)针对复合材料、陶瓷材料、特殊高分子材料和特异结构件,研究新的无损检测方法。

任何一种无损检测方法都有其优、缺点,如超声穿透法对垂直于穿透方向的分层、纤维架空、脱黏、较大的气泡、起皱、贫胶、疏松等缺陷非常敏感,可以做到无漏检,但对于夹杂、微裂纹、小气泡等缺陷则难以检出,而射线透照法(含实时成像)则恰恰相反。因此,在实际的无损检测过程中,既要全面掌握各种无损检测方法的特点,又要了解检测对象的成型工艺和内部可能或容易产生的缺陷类型,这样才能有针对性地选择检测方法,做到有的放矢。

发动机壳体选用的无损检测方法主要有超声检测、X 射线检测(含实时成像和工业 CT)、声发射检测和电涡流测厚等。

9.1.1 超声检测

超声检测的基本原理:超声波在介质中传播时,产生反射、折射现象,经过反射、折射的超声波,其能量或波形发生变化,利用这一性能进行探伤。

超声波检测具有传播能量大、穿透力强、设备成本低、结构轻便、检测灵敏度高、对人体无害、指向性好等优点,其对检测操作人员技术水平和缺陷判定能力要求较高,因为缺陷检测是边检测边判定缺陷,原始记录为缺陷检测过程的缺陷判定结果。

针对被检测壳体材质特点、成型工艺及工件内部易产生的缺陷性质与检测要求,选用的超声波检测方法主要为超声波穿透法和超声波反射法。

（1）超声波穿透法

检测原理是根据超声波的性质,在入射声能恒定的前提下,当超声波穿过被检物体的过程中遇到分层、纤维架空、气泡、树脂集聚、起皱、脱黏等缺陷时,超声波将被反射、折射、散射或不能透过,导致透射声能(用分贝数表示)下降。依据透射声能的下降程度来判定被检工件内部是否存在缺陷。

原则上说,透射声能下降程度越大,缺陷越严重,但仅仅依据分贝数的升降,难以对缺陷进行准确定性。

超声波穿透法包括水耦合穿透法和干耦合穿透法,两者原理相同,只是耦合方式不同,即实现超声波从换能器(探头)到被检测工件之间的传递方式不同,前者是通过水来实现,而后者是通过特种橡胶来实现。

（2）超声波反射法

检测原理是超声波在被检物体内部传播过程中,当遇到异质体(如夹杂、裂纹、气泡、脱黏等)时,会产生界面反射。依据界面反射波的强弱,借助对比试块及标准试块,可判定黏结界面有无脱黏,复合材料内部是否存在夹杂、裂纹、气泡等缺陷,同时可以测出缺陷的当量尺寸,依据反射波的位置可以确定缺陷的深度位置。

1)多次反射法:主要用于金属/复合材料黏结质量的检测,可准确地检出 $\phi 10mm$ 以上的脱黏,并可进行平面定位。

2)单次反射法:可用于金属件内部缺陷的检测和壳体壁内部分层、脱黏等缺陷的检测。该方法的特点是操作简便,借助标准试块或对比试块,可测出缺陷的当量尺寸并可准确进行深度定位,但该方法对工件检测面的光洁度要求较高,检测面过于粗糙,将影响检测结果的评定。对于复合材料而言,由于材料本身对超声波的衰减大,又因缺陷表面粗糙导致反射波散射,影响反射波的指向性,最终导致噪声大,缺陷判定困难。

9.1.2　射线检测

射线检测的基本原理是:X 射线或 γ 射线穿过试件,在感光乳胶上感光,在底片上形成缺陷投影。具体是依据射线与物质相互作用和它的衰减规律,实现对工件中缺陷或其他特性的检测。当射线透过被检测物体时,射线光子将与物质原子发生一系列相互作用(如光电效应、康普顿效应、电子对效应等),导致透射射线强度减弱(即衰减),其衰减程度与被透照物体的性质,厚度、密度等有关。如果物体局部区域存在缺陷,它将改变物体对射线的衰减,引起透射射线强度的变化。这样,采用特定的检测手段(如胶片、探测器等),可检测出透射射线强度的变化,依此可以判断物体中是否存在缺陷。对复合材料而言,可检测材料和制件中的空隙、密集气孔、脱黏、杂质及平行于射线源的缺陷。

射线检测的主要特点:检测结果显示直观;检测结果可以长期保存,可追溯性强;检测技术和检测质量可以监控。

射线检测方法,总体上可分为三类:射线透照法(拍片法)、实时成像法、计算机层析扫描成像法(X - CT)。

9.1.3 声发射检测

声发射检测是一种动态的无损检测技术,它区别于超声、射线等静态检测方法。

检测原理是依据被检测对象在一定载荷作用下,因材料内部应力释放而导致裂纹扩展、新裂纹的产生、树脂开裂、纤维断裂等缺陷产生的过程中,会产生机械振动且以声波的形式在材料中传播,这一声波被分布于被检工件表面的声发射探头所接收,依据接收信号的强度大小和时机即可判定缺陷程度与位置。由于声发射信号来自于缺陷本身,因此,声发射检测具有不可逆性。重复检测只能发现新增缺陷和扩展缺陷,而固有缺陷无法检测。另外,通过大批量的声发射检测数据与爆破结果对照分析,可实现检测压强为设计压强的 30%～50% 的情况下的爆破压强预报,可避免因检测发动机壳体耐压强度对其造成的损伤。

声发射检测的主要目标:① 确定声发射源即新增缺陷或扩展缺陷的部位;② 分析声发射源的性质;③ 确定声发射发生的时间并及时截获;④ 评定声发射源即新增缺陷的严重性。

9.1.4 电涡流测厚

电涡流测厚主要用于导电基体上所覆盖的非导电体材料厚度的测量。当导体处在交变磁场中时,根据电磁感应原理,在导体中会产生感应电流即电涡流。在激励电压、电流一定的情况下,电涡流的强度与导体到激励(即探头)间的距离有关,距离越大,磁场强度越小,电涡流强度越小,反之亦然。同时,电涡流也会产生感应磁场,这种感应磁场强度被探头中的测量线圈接收,其强度大小与探头至导电基体间的距离有一定的对应关系,依据这种对应关系,即可测出非导电体材料厚度。

目前,该方法主要用于整体模压封头厚度检测、金属壳体绝热层厚度、复合材料壳体人工脱黏层厚度检测等。

9.1.5 缺陷及其对应的检测方法

发动机壳体及材料的缺陷主要有脱黏、气泡、分层、夹杂、裂纹、纤维断裂、纤维架空等。对应的检测方法见表 9-1。

表 9-1 无损检测方法与适宜的检出缺陷特征对照表

检测方法	适宜检出的缺陷特征
超声波检测法	适合于构件内部分层、脱黏、裂纹、气泡、疏松、纤维架空、贫胶等缺陷检测及材料厚度测量
X射线检测法	适合于构件内部裂纹、气孔、夹杂、厚度不均、疏松等缺陷检测
工业CT检测	适合于构件内部分层、微裂纹、气孔、夹杂、贫胶、密度不均、疏松等缺陷检测及缺陷定位与尺寸测量,复杂构件内部结构观察与测量,材料密度及密度分布规律测量等
声发射检测法	适合于发动机壳体及喷管部件在试验载荷过程中的内在质量如裂纹发生和扩展等情况测量及压力预报

9.2 水压和气密检验

9.2.1 水压检验

固体火箭发动机壳体在出厂前要做内压试验,以检验壳体的承载能力和密封可靠性,这对固体火箭发动机工作的可靠性具有重要意义。内压试验一般用水压进行。为了使内压检验具有实际意义,检验压强不应小于发动机最大工作压强,一般取检验压强为发动机最大工作压强的 1.05~1.10 倍。

与气体相比,用水作内压检验的工作介质,在注水和加低压时,能及时发现因密封不好而发生的渗漏;壳体破坏时,可直接观察并记录破坏部位,并能及时卸载,防止破坏部位扩大;液体的压缩量很小,壳体破坏时,其内的压强随着高压水喷出而急剧下降,不会出现气体充压破坏时的爆炸现象,使用安全。

(1)内压检验

按设计文件规定的加载程序和测量要求,进行分级加载并测量。卸载后观察壳体外观和密封情况。记录测试数据和试验现象。

(2)容积增量测试

壳体在进行检压试验时,称量出壳体在加压前、后及加压时壳体内水的质量,根据常压下水的密度和水温,以及高压下水的压缩系数,可计算出壳体的容积、容积增量和残余容积。

9.2.2 气密检验

壳体的正压气密检验可以用压缩空气进行,试验条件见表9-2。

表9-2 壳体气密试验条件

试验类型	试验条件				内腔压降/MPa
	示漏气体	充气压强/MPa	内腔压强/MPa	保压时间	
单个壳体	氮气	≤0.5	0.1~0.35	24~48h	≤0.01
批生产产品	干燥空气,湿度不大于50RH	≤1	0.6~0.7	≥5min	0.00

壳体在进行气密试验时,如内腔压强有一定变化,而又查不出泄漏处,可能是环境温度对压强影响之故,可按理想气体状态方程进行计算。因此,气密试验时,除记录压力变化的同时,应记录环境温度和压强的变化。另外,还应考虑壳体变形的影响。

思 考 题

1. 无损检测的特点是什么?举例说明几种无损检测方式。

2. 发动机壳体水压检验的意义是什么?

第10章 高性能树脂基复合材料的发展趋势

高性能树脂基复合材料的应用越来越广泛,今后的发展趋势是科研工作者和工业部门都感兴趣的问题,以下六个方面是其可能的发展方向。

1.降低成本

阻碍复合材料发展的主要障碍是其成本大幅高于传统材料,高性能复合材料的原材料成本、加工成型的成本都高于普通复合材料。复合材料的高成本已成为限制其扩大应用与发展的主要因素之一。由于复合材料性能优于传统材料,如能降低复合材料的成本,其应用前景是非常广阔的。目前,主要从以下三个方面来降低高性能复合材料的成本。

(1)原材料

高性能树脂基复合材料所用的原材料是高性能的基体和增强材料。常用的高性能基体有多官能团环氧树脂、聚酰亚胺树脂等,这些树脂都是因为原材料价格高、合成难度大、性能要求高且批量小造成成本较高。因此,应尽量降低合成高性能树脂用现有原材料的成本,开发新的用于高性能树脂的低成本原材料,并优化树脂合成工艺等,来降低树脂的制造成本。高性能增强材料如碳纤维、芳纶纤维目前主要依赖进口,国产化是降低成本的有效途径。

(2)成型工艺

高性能复合材料的成型工艺普遍存在着生产周期长、生产效率低、能耗高等缺点,造成高性能复合材料的制造成本高。为了降低成本,需提高其制造过程的机械化、自动化程度,开发高效率和节能的成型工艺是一个发展方向。例如,低温固化、高温使用是近年来研究较多的一个课题,并取得了一定的研究进展,研制成功后可以大幅度降低能耗,不但能节约成本,而且更环保。树脂传递模塑(RTM)工艺也是先进复合材料低成本制造技术的发展方向之一。自动铺带技术应用于缠绕壳体封头补强,可大大提高补强工艺的成型效率和质量稳定性,减少原材料浪费。

(3)设计

高性能复合材料具有很好的可设计性,通过对复合材料合理的设计可以达到节约材料、降低成本的目的。

2.更高性能复合材料的研制

随着人类探索太空活动的发展,航空航天工业对高性能复合材料的需求越来越大,而且对其性能要求也越来越高,如更高的强度、更高的耐温性和更低的密度等。因此更高性能复合材料的研究和开发是复合材料技术今后的发展方向之一。

3.功能复合材料

功能复合材料是指具有导电、透波、吸波、吸声、摩擦、阻尼、烧蚀等功能的复合材料。许多功能复合材料的性能是其他材料难以达到的,如透波性能、烧蚀性能等。功能复合材料具有非常广的应用领域,这些应用领域对功能复合材料不断有新的性能要求。随着纳米技术的发展,由其制备的功能复合材料(纳米复合材料)在性能上有很大突破。功能复合材料将是高性能复合材料的一个重要的发展方向。

4.智能复合材料

智能复合材料是指具有感知、识别及处理能力的复合材料。可以通过传感器、驱动器、控制器实现复合材料的上述能力；传感器感受复合材料结构的变化信息，如材料感受损伤的信息，并将这些信息传递给控制器，控制器根据所获得的信息产生决策，发出控制驱动器动作的信号。

5.仿生复合材料

仿生复合材料是参考生命系统的结构规律而设计制造的复合材料。

6.环保型复合材料

从环境保护的角度考虑，要求废弃的复合材料可以回收利用，以节约资源和减少污染。但是目前的复合材料大多注重材料性能和加工工艺性能，而在回收利用上存在与环境不相协调的问题。因此，开发、使用与环境相协调的复合材料，是复合材料今后的发展方向之一。

思　考　题

列举 3 种新型复合材料。

下 篇 固体火箭发动机复合材料喷管技术

第11章 喷管复合材料概述

　　固体火箭发动机喷管是一种非冷却型喷管。它直接承受燃烧室产生的高温、高压和含有大量三氧化二铝凝相粒子高速燃气的热化学烧蚀和严酷侵蚀作用，要求在几秒或几分钟的工作时间内，保证发动机工作的可靠性。喷管防热材料的选择与喷管的结构和工作环境有关，一般选用由耐烧蚀树脂、高温填料等制得的树脂基防热复合材料，在特别需要耐高温烧蚀的喉衬部位，选用 C/C 复合材料。

11.1 喷管部件的作用

　　喷管是发动机的能量转化机构，它通过把推进剂燃烧所放出的热能转化为动能而产生推力，此外还用于控制推力向量。因此它的各个部件综合起来要能够承受高温高速气流的烧蚀和冲刷；具有足够的热强度以产生推力；能保证活动密封以控制向量；具有良好的隔热性能，保护外部伺服机构。固体火箭发动机喷管的结构类型既包括简单的、单块的、非活动喷管，又包括复杂的、能控制推力向量的多块活动喷管，如图 11-1 所示。

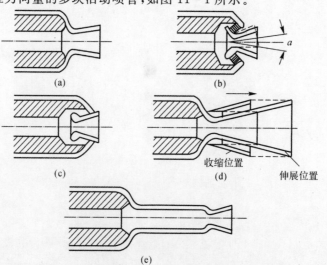

图 11-1　固体火箭发动机喷管结构示意图

(a)固定喷管；　(b)柔性接头摆动喷管；　(c)潜入式喷管；　(d)可延伸喷管；　(e)长尾喷管

固体火箭发动机喷管一般由喉衬、收敛段、扩张段绝热层和喷管壳体构成,较为先进的柔性喷管还有柔性接头和延伸锥,如图 11-2 所示。固体火箭发动机喷管涉及材料种类很多,其中复合材料主要包括树脂基防热复合材料、C/C 复合材料、热结构陶瓷基复合材料、橡胶材料等。树脂基防热复合材料主要用于扩张段、背衬防热材料,C/C 复合材料主要用于喉衬和扩张段(延伸锥)。柔性接头是先进固体火箭发动机实施推力向量控制的关键部件,由增强件和弹性件组成,其中增强件采用金属或树脂基增强复合材料,弹性件采用橡胶弹性材料。此外,连接与热密封也是喷管必不可少的部分,主要涉及陶瓷基复合材料和黏合剂等。

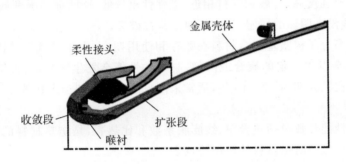

图 11-2   固体火箭发动机柔性喷管结构示意图

11.2 喷管对防热材料的需求

固体火箭发动机工作过程中,暴露在燃气流中的所有组件的温度一直在升高,喷管组件依靠其吸热能力(高比热和材料的高分解能量)和缓慢传热(低导热材料)抵抗温度梯度和热载荷所引起的应力和应变,保证其结构和连接件在整个工作过程中能够正常工作。也就是说,燃烧的推进剂产生的极高的热流和侵蚀是喷管组件通过烧蚀来加以控制的。在烧蚀过程中,一方面,材料的分解、熔化、蒸发、升华等变化使得大量的热被消耗;另一方面,聚合物碳化形成的碳化层热传导能力非常差。因此喷管组件的烧蚀能保护下面的材料不受燃烧的推进剂产生的高热流的侵蚀。

由于固体火箭发动机特殊的工作环境和使用要求,对喷管防热材料有以下基本要求:

(1)低烧蚀率

单位时间内材料烧蚀深度或碳化深度为线烧蚀率或线碳化率,它是衡量材料烧蚀性能的重要指标。此外,不仅要求材料烧蚀率低,而且要求烧蚀均匀。

(2)良好的物理机械性能

由于喷管防热材料同时要兼顾结构承载功能,要承受高温下热应力和其他应力的作用,因此其具有一定的拉伸、弯曲、层间剪切等良好的机械性能。防热材料密度应低,以减少发动机的消极质量。

(3)热导率小

材料的热屏蔽效果好,有利于保护连接用的结构件,减少防热部件的设计厚度。而喉衬材料主要承受超高温冲刷,适当地提高其热导率可以减少部件内的热梯度,提高抗热震性能。

（4）工艺性好

材料具有良好的成型工艺性和可加工性能,是将其加工成具有一定形状部件并用于喷管成型,进而发挥其性能的重要条件。

11.3 喷管防热材料的特点和分类

喷管防热复合材料具有以下特点:

1)力学性能。比强度高,一般和钢材相近,但弹性模量低、层间剪切强度低,各向异性。它们的应力-应变曲线没有明显的屈服点,破坏时呈脆性破坏。

2)老化性能。高分子树脂基复合材料在贮存和使用期内,由于受到环境因素,如温度、湿度、紫外线等影响,会发生一定的聚合或降解,材料的性能会发生变化,进而缩短材料的使用期。固体火箭发动机贮存期为 10~12 年,通常采用自然贮存和加速老化的方法预测材料的使用期。

3)热性能。热性能参数包括热导率、线膨胀系数和比热容,是防热材料的重要性能指标。热导率和线膨胀系数低是防热材料的使用特点之一。

4)烧蚀性能。烧蚀材料的防热作用表现为吸热、热熔、热解、化学反应等吸热和散热的过程。因为材料被烧蚀时,表面温度升高,高聚物开始分解产生大量气体并透过材料表面逸出,使树脂形成多孔的碳质残渣;同时无机增强材料开始熔化,在碳化层上形成一层液态薄膜,它既保护碳化层,又吸收来自附面层的热量。在高速气流剪力作用下,薄膜从表面流失。因此要使防热材料获得较好的烧蚀性能,应该选择热解温度高、可放出气体、产碳率高的树脂和高熔点的无机增强材料。评定材料抗烧蚀性能的方法主要有氧/乙炔、等离子焰烧蚀试验和小型发动机模拟试验。

喷管防热材料的种类较多,原材料和工艺方法不同,获得的材料也不同。树脂基防热材料通常采用酚醛树脂做为基体。按增强材料的不同可将树脂基防热材料分为:玻璃纤维增强酚醛材料、石棉纤维增强酚醛材料、高硅氧纤维增强酚醛材料、碳纤维增强酚醛材料、碳纤维布/高硅氧布增强酚醛材料等。按工艺方法可分为:纤维模压复合材料和布带缠绕复合材料。高温耐烧蚀 C/C 喉衬材料按增强体类型一般分为:毡基 C/C 复合材料、多维编织 C/C 复合材料、穿刺 C/C 复合材料和针刺 C/C 复合材料等。C/C 扩张段(延伸锥)按照增强体类型一般分为二维渐开线型、针刺和整体编织 C/C 复合材料。此外对于采用柔性摆动喷管和采用 C/C 扩张段(延伸锥)的先进喷管,柔性接头材料和热结构陶瓷基复合材料也是喷管部件材料的重要组成部分。

思 考 题

1. 固体火箭发动机喷管的作用是什么?
2. 固体火箭发动机喷管对防热材料的要求是什么?
3. 固体火箭发动机喷管防热材料分为几类?

第12章 树脂基防热复合材料

用于固体火箭发动机喷管的树脂基复合材料主要分为两类：一类是用于扩张段等部件的树脂基防热复合材料，另一类是用于柔性接头增强件的树脂基结构复合材料。树脂基结构复合材料将在第15章介绍，本章主要介绍喷管树脂基防热复合材料。喷管树脂基防热复合材料按照成型方法分为模压防热材料和布带缠绕防热材料两种。模压防热材料成本低，主要用于战术发动机小型喷管部件；布带缠绕防热材料抗烧蚀性能优良但成本相对较高，主要用于战略发动机大型喷管部件。

12.1 国内外固体火箭发动机喷管树脂基防热复合材料技术现状

目前，固体火箭发动机树脂基烧蚀防热材料主要采用碳/酚醛和高硅氧/酚醛树脂类复合材料，并已在战略、战术、航天运载器和航天器上得到大量成功应用。下述为部分国家和地区的典型应用实例。

1. 美国

(1)战略型号 PC4-2

PC4-2 是"三叉戟 I"(C4)(Trident I C4 UGM-96A)的第二级发动机，由美国锡奥科尔和赫克力斯公司于 1971—1977 年联合研制，其喷管结构如图 12-1 所示。

(2)战术型号 MK111

MK111 是海基"战斧"(Tomahawk)BGM-109A,B,C 巡航导弹提高性能的新一代助推发动机，由美国联合技术公司化学系统分部和大西洋研究公司联合研制。其喷管出口锥和刚性绝热层为碳酚醛，缠绕角为 10°。

(3)航天运载器

"侦察兵 B"(Scout)运载火箭的第四级发动机，由美国联合技术公司于 1965 年研制。其喉衬背壁采用 FM 5072 石墨纤维/酚醛绝热层，缠绕于钢模具上，与喷管中心线成 8°夹角，7MPa 热压固化；出口锥前段(直至扩张比为 9 处)衬有 FM 5014G 石墨布/酚醛材料衬层，布带缠绕在钢模上，与喷管中心线成 20°夹角，7MPa 热压固化，机加后外缠 MX5707 低密度高硅氧/酚醛绝热层(该绝热层位于出口锥后段，即衬层)。

2. 俄罗斯

宽布缝合/缠绕技术是前苏联(现俄罗斯中央机械研究院)在 20 世纪 80 年代末期发展建立起来的一种替代高成本的 C/C 扩张段材料的新技术，其特点是抗烧蚀、防分层，主要目的是提高喷管材料的性能/价格比，简化热连接结构，不仅能有效减轻战略导弹第三级喷管质量，而且制造周期短。

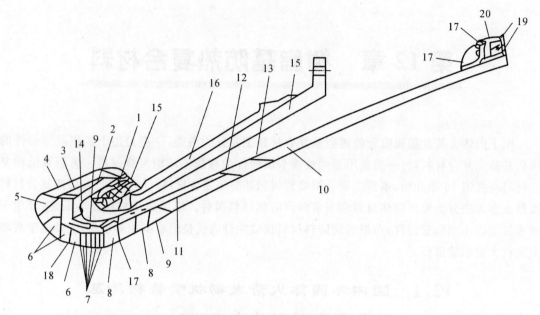

图 12-1　PC4-2 发动机喷管结构

1—柔性接头,玻璃布及碳布增强天然橡胶弹性体;　2—结构件,6Al-4V 钛合金;

3—喷管外头帽绝热层,低密度二氧化硅/酚醛,布带与中心线平行缠绕;

4—喷管外头帽外绝热层,碳布/酚醛,与中心线呈 15°缠绕;

5—头帽,石墨布/酚醛 FM5014,烧蚀率 0.53mm/s;

6—喉部入口环,700 型碳织物,织层与中心线呈 90°角;

7—喉衬,热解石墨,密度 2.2g/cm³,烧蚀率 0.084mm/s;

8—喉部出口环,碳布/酚醛,布层与中心线呈 90°角;

9—出口锥内衬(扩张比<7),碳布/酚醛 FM5055,与中心线呈 15°缠绕;

10—出口锥内衬(扩张比>7),低密度碳布/酚醛 FM5055LD,与中心线平行缠绕;

11—出口锥绝热层(扩张比较小处),二氧化硅/酚醛 FM5020;

12—结构件,HM-5 型石墨/环氧树脂,纤维极形缠绕;

13—结构件,ASMS 型碳/环氧树脂,纤维螺旋形缠绕;

14—结构件,6Al-4V 钛合金;　15—固定壳体,7175-T736 铝合金;

16—固定壳体绝热层;EPDM/氯丁橡胶-二氧化硅,密度 1.05g/cm³;

17—配合环,7075-T73 铝合金;　18—垫片,泰氟隆垫片,7 处;

19—配合环,石墨/HM-S 型环氧树脂;　20—配合环,酚醛微球-环氧树脂罩

　　俄罗斯传统的烧蚀材料为石墨布(2 200～2 300℃)、碳布(900～1 300℃)/酚醛材料。表 12-1 所示为喷管扩张段热试车 50 s 时,轴向拉伸强度与厚度关系以及喷管扩张段表面温度与厚度关系。由表 12-1 可知,当发动机热试车结束,表面温度不高于 500 K 时,缝合/缠绕材料所需厚度仅为 6 mm,而缠绕材料则需要 9～10 mm;同时对应喷管材料的轴向拉伸强度分别为 60 MPa 和 11.5 MPa。可见,缝合/缠绕材料在热结构强度及隔热性方面明显优于普通缠绕材料。缝合/缠绕技术的应用会使抗烧蚀纤维与喷管轴向夹角减小,理论上会出现烧蚀率增大的倾向。但是从试验结果来看,在扩张段直径与喉径之比(d_i/d_k)小于 3 的区域,由于喉衬与扩张段材料不匹配、湍流等出现了较大的烧蚀台阶;在 $d_i/d_k \geqslant 3$ 的区域,标准石墨布/酚醛烧蚀很小。因此在二者的交界处,更加容易导致烧蚀台阶的加大。采用宽布缝合/缠绕材料后,烧蚀率变化趋缓,烧蚀型面的变化规整,喷管的工作稳定性提高。

表 12 - 1 喷管扩张段轴向拉伸强度和表面温度与厚度关系

厚度/mm	轴向拉伸强度/MPa		表面温度/K	
	缝合/缠绕材料	缠绕材料	缝合/缠绕材料	缠绕材料
2	18	3	1 470	1 600
4	20	4	830	1 200
6	60	5.5	500	830
8	78	9.0	380	580
10	82	11.5	340	490
12	84	15	330	450

3. 欧洲

P80 是织女星"Vega"的第一级发动机,由意大利 Avio S. p. a. 和法国 Snecma Propulsion Solide 于 2001 年开始研制。如图 12 - 2 所示为 P80 的喷管设计图。

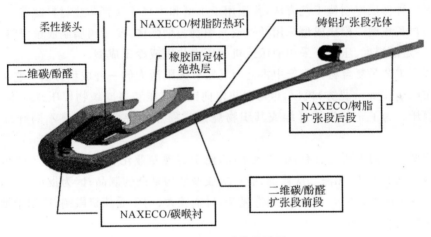

图 12 - 2 P80 喷管设计图

P80 的收敛段和扩张段前段(逆流区)采用 2D 碳/酚醛材料,柔性接头防热帽和扩张段后段采用 NAXECO/树脂材料。NAXECO/树脂材料的制备采用 RTM 工艺,其特点是层间有针刺纤维,复合材料的层间剪切强度高。如图 12 - 3 所示为扩张段绝热层和柔性接头防热帽 NAXECO/树脂材料的缩比件。

4. 印度

"极地轨道卫星运载火箭(PSLV)"的第一级发动机 PS - 1,由印度航天研究院(ISPRO)沙拉伯罕航天中心研制,1993 年首飞。其固定式锥形喷管,长 3 640 mm,出口直径 2 377 mm。收敛段衬层为花瓣式叠层的碳/酚醛;喉衬为碳/酚醛布带斜缠,与喷管轴线夹角为 60°;扩张段前部和二次喷射孔处也是 60°斜缠的碳/酚醛,二次喷射孔处还有高硅氧/酚醛衬层,扩张段后部为 0°缠绕高硅氧/酚醛衬层。碳/酚醛热压固化时,升降温速度使衬层内温度梯度小于1℃/cm,固化压力 2.4 MPa。碳/酚醛密度为 1.35～1.45g/cm³,高硅氧酚醛密度为1.65g/cm³。

图 12-3 扩张段绝热层和柔性接头防热帽 NAXECO/树脂材料的缩比件

12.2 模压防热复合材料的制备、性能及质量控制

模压是一种低成本制造工艺方法,普遍用于小型和中尺寸喷管防热材料制造,可用于树脂和橡胶复合材料成型。模压成型采用纤维或其织物为增强体,浸渍树脂制成预浸料,装入金属模具内,在一定的温度、压力下采用液压或机械压力热压或冷压成型。

模压成型工艺是复合材料生产中古老而又富有无限活力的一种成型方法。它可以将乱纤维、毡、碎布(6~12 mm 见方)模压,也可以将定向铺层模压和多向织物模压或纤维/布带缠绕后再进行模压。为了充分发挥纤维或其织物烧蚀或隔热的特性,还可将不同纤维压制成复合件。

模压成型工艺的主要优点有:生产效率高,便于实现专业化和自动化生产;产品尺寸精度高,重复性好;表面光洁,无需二次修饰;能一次成型结构复杂的制品;因为批量生产,价格相对低廉。模压成型的不足之处有:模具制造复杂,投资较大;由于受压机限制,适用于批量生产中小型复合材料制品。

12.2.1 增强材料

增强材料可以改善防热材料的耐热性、抗烧蚀性和机械性能,常用的难熔性耐热填料有玻璃纤维、碳纤维等。有些填料在高温下能发生吸热反应,从而起到良好的隔热作用,如 Fe_2O_3 在高温下能与碳发生吸热反应。增强材料的品种很多,但普遍采用的仍是石棉纤维、玻璃(高硅氧)纤维和碳纤维。

石棉纤维是多种氧化物的混合物,它主要含有 SiO_2、Al_2O_3、Fe_2O_3 等成分,都是高熔点化合物。石棉纤维的品种有 30 多种,工业上常用的是温石棉、青石棉和铁石棉,作为防热材料使用的主要是温石棉。温石棉的化学分子式为 $3MgO_2SiO_2 \cdot 2H_2O$,它在加热时可失去结晶水,产生附加的冷却效应。石棉属于天然矿物,需经再加工除去杂质,增加蓬松度和整齐性。石棉虽然性能优异,但易引发职业病,国际上已限制使用,逐渐被其它材料代替。

玻璃纤维是以一定成分的玻璃为原料,在高温熔融状态下拉丝集束而成的。它是一种非结晶无机纤维,不燃烧,伸长率和线膨胀系数小。玻璃纤维的耐热性和隔热性都很好,并具有一定的耐腐蚀性。玻璃纤维品种较多,按化学成份可分为无碱、中碱和有碱纤维,按特性可分为高强、耐高温、耐碱纤维等。防热材料主要应用耐高温玻璃纤维,即高硅氧纤维。它将一定成份的玻璃纤维进行酸处理,除去碱性氧化物,使二氧化硅的质量分数提高到 96%。该纤维的耐热温度达 1 100℃,伸长率约为 1%。当二氧化硅的质量分数达到 99.95%以上时,即为石英纤维,但由于价格高,其应用受到限制。表 12-2 所示为典型的高硅氧纤维性能。

表 12-2　高硅氧纤维性能

项　目	技术要求
颜色	白色或浅褐色
二氧化硅的质量分数/(%)	≥96
直径/μm	7
热失重/(%)	≤3
线密度/tex	85±15
断裂强力/N	≥4
短切纤维长度/mm	15~30

碳纤维是一种新型增强材料,具有比模量、比强度高,耐腐蚀性能优越,耐油、耐辐照,良好的自润滑性,摩擦系数小,耐磨等特点。碳纤维的导热系数较高,但随温度的上升反而下降,1 500℃时的导热系数为常温时的 15%~30%,因此可以用作高温隔热材料。生产碳纤维的原料主要有黏胶丝、聚丙烯腈和沥青。黏胶丝基碳纤维的强度和模量较低,但隔热性能好,在国外固体火箭发动机喷管上得到广泛应用。聚丙烯腈基碳纤维具有较高的强度和模量,且价格适中,是固体火箭发动机研制的重要原材料。沥青基碳纤维按照产品性能分为通用型和高性能两种。通用型沥青基碳纤维强度、模量和密度均较低,主要用作非增强目的,如热绝缘。高性能沥青基碳纤维即中间相沥青基碳纤维具有高的模量和密度,而强度较低。结构复合材料用增强材料,对强度和模量都有较高的要求;但防热材料具有中等强度和模量就足够。表12-3 列出了喷管模压用黏胶丝碳纤维的性能。

表 12-3　黏胶丝碳纤维性能

项　目	国　产	国外碳纤维		
		1 400℃碳化	1 600~1 700℃碳化	2 500℃碳化
碳的质量分数/(%)	≥90	≥96	≥99	99.9
拉伸强度/MPa	≥200	689.5	689.5	689.5
拉伸模量/GPa		41.37	41.37	41.37
密度/(g·cm⁻³)	≥1.6	1.46~1.53	1.46~1.50	1.44~1.45
灰分/(%)		0.4	0.3	0.01
导热系数/(W·(m·K)⁻¹)		3.7	4.0	4.1

12.2.2 基体树脂

高分子烧蚀材料的热稳定和烧蚀性能,主要取决于基体树脂的结构。正确地选择基体树脂,主要考虑对烧蚀性能的要求和实际使用环境,如温度、压强、热流、气动剪切力等因素。一般在高温和高气动剪切力条件下,应选用热固性、成碳率高的树脂。树脂的主链上含有芳杂环结构,或者交联密度比较高的树脂所构成的防热材料,其耐烧蚀和抗冲刷性能好,而且烧蚀碳层完整。一般来讲,基体树脂应具有下列特点。

(1)成碳率高

树脂分子主链上含有较多的芳环或共轭结构,碳化后成碳率高,一般要求达到60%以上,碳化后形成坚硬的碳层。热解时产生大量低分子化合物,并有较大吸热效应。

(2)与增强材料相容性好

对增强材料的浸润性好,能充分浸润纤维而形成牢固的界面。树脂和填料的有效结合,可以提高防热材料的力学性能。

(3)工艺性良好

要求树脂具有一定的流动性,黏度易于调节,与各种溶剂互溶性好。固化温度低、固化时副产物少。

寻找一种各项性能都优越的树脂是困难的,但是耐烧蚀性能是固体火箭发动机喷管树脂基防热复合材料用基体树脂的主要指标。可选的树脂主要有酚醛树脂、有机硅树脂、聚酰亚胺、双马来酰亚胺等,但实际使用的树脂基体仍多为酚醛树脂。

酚醛树脂是一种古老的合成树脂,由于工艺简单、性能突出,在航天领域得到广泛使用。用于烧蚀复合材料的酚醛树脂大多由苯酚和甲醛按一定比例,在存在碱性催化剂的条件下缩聚而成。在一定温度下,可转变为不溶不熔状态,这一变化分为三个阶段:

第一阶段(甲阶)的树脂为线型结构的化合物。这种树脂称为可溶性酚醛树脂,加热时熔融,并溶解于丙酮、醇及强碱水溶液中。

第二阶段(乙阶)的树脂称可凝酚醛树脂。可溶酚醛树脂受热或长期存放即可转变为可凝树脂。这种树脂部分地溶于丙酮及醇,同时有溶胀现象。在110~125℃时可拉成长丝,冷却后变成脆性物质。

第三阶段(丙阶)树脂为不溶不熔产物。这种树脂具有一定的机械强度和电绝缘性,不溶于有机溶剂和酸、碱水溶液。

在酚醛树脂由甲阶向丙阶转变的同时,有缩聚水放出,因此成型时需较高的压力以防止制品内部产生大量微孔。为了改善酚醛树脂的脆性,提高树脂对填料的黏结力,提高复合材料的力学性能,降低成型压力,除可改变催化剂外,也可引入其他组分进行改性。如用聚乙烯醇缩丁醛、有机硅和环氧改性酚醛,既可改善酚醛树脂的脆性,又可提高防热材料的力学性能。采用对苯二甲醇和苯酚合成的新型酚醛树脂,可在250℃下长期使用,并有良好的耐辐照、耐烧蚀性能。酚醛树脂在存放过程中,分子链上的活性基团会发生反应,导致树脂相对分子质量增加,工艺性变差,因此要注意其贮存期要求,一般为半年左右。常用酚醛树脂性能见表12-4所示。

表 12 - 4　酚醛树脂性能

性　能	氨酚醛 F01 - 36	钡酚醛 FQS - 2	高纯酚醛
外观	黄褐色均匀透明液体	棕红色透明液体	橙色至红棕色透明液体
固体质量分数/(％)	≥50	≥55	≥60
游离酚/(％)	≤16	≤20	≤8
凝胶时间/s	70～120	105～145	130～180
含碱金属及碱土金属的量/($\mu g \cdot g^{-1}$)			≤40

12.2.3　模压工艺

模压工艺流程如图 12 - 4 所示。本节重点介绍模压料制备和模压成型。

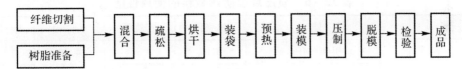

图 12 - 4　模压工艺流程图

（1）模压料制备

一般采用预混法和预浸法。预混法是将纤维切至 15～30 mm 长,按照一定比例,在捏合机内混合均匀,控制搅拌桨的正反转时间,使之既不出现混合不匀现象,也不损失纤维强度。疏松后室温晾置,然后在一定温度下烘干。该法制备的纤维松散而无定向。预浸法是将纤维束整束浸胶、烘干、切断而制得模压料的。其特点是制备的纤维呈束状,松散性差。

（2）模压成型

将定量模压料预热,装入金属模具内,加温加压。控制升温速度、最高成型压力和保温时间。加压时机与物料的状态有关,当物料的挥发分偏高时,升到一定温度后加全压;物料挥发分偏低时,装完料后立即加全压。

12.2.4　性能

将石棉/酚醛预混料压制成标准试条测试其性能。在 160～250℃温度范围内,随着温度上升,其拉伸强度呈下降趋势,而其压缩强度有所增加。石棉/酚醛塑料具有良好的耐温、隔热性能,常用作背衬材料。无碱玻璃纤维和高硅氧玻璃纤维增强酚醛复合材料的拉伸强度和压缩强度在 250℃以内随温度的上升呈下降趋势。表 12 - 5 列出了几种模压的烧蚀防热材料的基本性能。

表 12 - 5　石棉/酚醛、高硅氧纤维/酚醛、碳纤维/酚醛复合材料的性能

项　目	石棉/酚醛	高硅氧/酚醛	无碱玻璃纤维/酚醛	碳纤维/酚醛
密度/($g \cdot cm^{-3}$)	1.84	≥1.65	1.7	≥1.38
拉伸强度/MPa	19.6	14.5～23.5	24.1～48.2	39.2
拉伸模量/GPa		8～11.4	5～15	5.9

续 表

项 目	石棉/酚醛	高硅氧/酚醛	无碱玻璃纤维/酚醛	碳纤维/酚醛
弯曲强度/MPa	58.8	138	120	78.4
压缩强度/MPa	92.3	119.5	135.2	127.4
导热系数/$(W \cdot (m \cdot K)^{-1})$	1.3	0.48		$\leqslant 1.0$
氧乙炔线烧蚀率/$(mm \cdot s^{-1})$	0.22	0.15		0.06

模压树脂基防热复合材料用作固体火箭发动机各个部件,随着发动机尺寸和工作条件的不同,其烧蚀、碳化程度是不同的。石棉/酚醛主要用作背衬,最大碳化率一般为 0.25 mm/s;高硅氧/酚醛和碳纤维/酚醛用作喷管扩张段、收敛段等部件。这些材料的使用性能结果见表 12-6。

表 12-6 模压烧蚀防热材料的使用性能

材 料	性 能	扩张段	收敛段	头 帽	喉衬背衬
高硅氧/酚醛	平均压强/MPa	3.87	5	4.59	
	工作时间/s	69	33	6.28	
	最大烧蚀率/$(mm \cdot s^{-1})$	0.101	0.282	0.081	
	最大碳化率/$(mm \cdot s^{-1})$	0.145	0.468	0.223	
碳纤维/酚醛	平均压强/MPa	5.11	5.4	4.58	
	工作时间/s	76	60	62.8	
	最大烧蚀率/$(mm \cdot s^{-1})$	0.043	0.25	0.081	
	最大碳化率/$(mm \cdot s^{-1})$	0.323		0.894	
石棉/酚醛	平均压强/MPa				5.88
	工作时间/s				46.5
	最大碳化深度/mm				12
	最大碳化率/$(mm \cdot s^{-1})$				0.258

12.2.5 质量控制

1. 模压料的三项指标和存放期

(1)树脂质量分数

模压料的树脂质量分数以均匀浸透纤维为原则。树脂质量分数高,防热材料烧蚀性能降低,模压时流胶严重;树脂质量分数低,制品贫胶导致裂纹、疏松等缺陷。因此应选择合适的树脂质量分数,一般取树脂与纤维质量比为 40:60,但在工艺过程中存在树脂流失,树脂质量分数应稍高于规定值。

(2)挥发分质量分数

挥发分指模压料中的低分子物质,如水分、乙醇等,它们赋予物料流动性,压制过程中有利于充满模腔,所以一定的挥发分质量分数对保证产品质量有利。但挥发分质量分数过高时,易引起树脂流失,使制品收缩加剧,从而出现气泡、聚胶、黏模等缺陷;挥发分质量分数过低时,物料的流动性显著下降,使制品成型困难。因此控制模压料中挥发分质量分数是必要的,通常为 4.0% 左右。

(3)预固化度

模压料中甲阶酚醛树脂经加热预固化为乙阶树脂后,线型分子链上增加支链;树脂分子量增大,黏度变高,树脂的浸润性和附着性增强,改善了物料的工艺性。预固化度应有一定的范围,过大,物料流动性差,难于充满模腔;过小,树脂本身反应程度低,分子量小,黏着度差,极易流失,容易在制品中产生树脂集聚现象。恰当的预固化度,可使物料中的树脂和纤维同时在模腔中流动。预固化度一般控制在 5%～15%。

(4)存放期

模压料制备后,一般要存放 3～7 天后使用,使树脂充分浸润纤维,挥发分降低,质量均匀性进一步提高,从而在一定程度上改善物料的工艺性。模压料不宜久存,随树脂类型的不同工艺性变差的程度不同。热固性酚醛树脂制备的模压料在存放过程中,缩聚反应仍继续进行,若存放时间太长,也许就不能使用了。氨酚醛树脂制备的模压料在室温条件下一般可存放 6 个月左右。

2.制品内在质量控制

(1)杂质

航天产品要求每个零部件性能稳定,质量可靠。对于每个防热材料零部件,除了具备应有的质量特性外,还不允许有外来杂质混入,包括金属和非金属杂质。这是因为杂质可能增加局部的烧蚀和传热,降低材料的使用性能。因此在工艺过程中应采取预防措施,如树脂需经过滤,纤维应经筛选,施工现场保持清洁,预混料应通过探伤检查等,尽量在压制工序前将杂质除掉。

(2)制品内部裂纹、疏松和气泡

制品内部的裂纹、疏松和气泡等缺陷,是由模压料不合格或压制工艺不符合要求造成的,因此要严格控制各工艺要素。这类缺陷可以通过 X 光透视或超声波加以检查。

12.3 布带缠绕防热复合材料的制备、性能及质量控制

布带缠绕复合材料是将玻璃布或碳布经树脂浸渍、烘干、裁带、卷盘、缠绕、固化等工艺制成的二维材料,具有耐烧蚀、抗冲刷和良好的隔热性能,适宜制作大型喷管防热部件,是国内外战略、战术发动机广泛采用的一种喷管烧蚀防热材料。固体火箭发动机喷管防热材料由最初的玻璃/酚醛、石棉/酚醛发展为目前的高硅氧/酚醛、碳/酚醛材料,有效提高了防热部件的抗烧蚀性能,同时减轻了构件结构质量。对于特定的喷管部件,要求材料同时具有一定的抗烧蚀、隔热和结构强度等特性,因此需要对材料进行合理设计。在一般烧蚀条件下,可采用高硅氧/酚醛;而高性能喷管需采用高硅氧/酚醛和碳/酚醛复合结构,使接触燃气的部分为碳质复合材料,不接触燃气的部分为玻璃纤维复合材料,充分发挥各种材料的特性。图 12-5 所示为固体火箭发动机喷管 3 种典型的复合材料烧蚀防热结构。

12.3.1 增强材料

布带缠绕复合材料的增强体应具有一定的力学性能,以满足结构强度及缠绕工艺施加张

力的需求;同时材料还应熔点高,耐温性能好。从力学性能看,石棉毡和玻璃布是较好的增强材料,隔热性能也好,但是烧蚀性能不如碳布和高硅氧布,因此只能用作喷管烧蚀不严重部位的构件材料或隔热材料。碳布含碳量高,碳层抗冲刷性能好,高硅氧布高温下熔融成黏度大的液体,有利于抵抗气流冲刷,因此这两种增强体应用较多。石墨布/酚醛复合材料虽然力学性能较低、价格高,但其抗烧蚀性能比碳布/酚醛还高28%,可在喷管关键部位采用。纤维织物可采用斜纹、平纹或缎纹等形式,也可采用定向纤维带、专用针织带,以满足缠绕工艺的特殊要求。

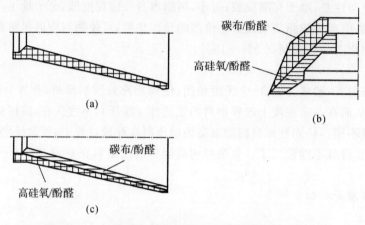

图 12-5 几种典型的喷管烧蚀复合材料烧蚀防热结构
(a)高硅氧/酚醛扩张段; (b)碳布/酚醛和高硅氧/酚醛复合头帽;
(c)碳布/酚醛和高硅氧/酚醛复合扩张段

(1)高硅氧玻璃纤维布

高硅氧玻璃纤维布由一定成份的玻璃纤维布,经酸洗、水洗、烘干等工序制得,通过上述工序可将其中的碱金属氧化物质量分数降低,二氧化硅的质量分数提高到96%以上。高硅氧玻璃纤维布具有较高的耐温、抗烧蚀性能。常用的平纹高硅氧玻璃纤维布有两种,布的厚度分别为0.25 mm 和0.40 mm。两种高硅氧玻璃纤维布厚度的差异将影响其浸胶和缠绕工艺。高硅氧玻璃纤维布不含石蜡型浸润剂,只是表面吸附一定的水分,无需特殊的表面处理,只经烘干即可。表 12-7 为两种高硅氧玻璃纤维布的性能。

表 12-7 高硅氧玻璃纤维布性能

性 能		高硅氧25	高硅氧40
厚度/mm		0.25 ± 0.025	0.40 ± 0.040
宽度/cm		80 ± 1	80 ± 1.5
二氧化硅的质量分数/(%)		≥96	≥96
断裂强力	经向/N	294	400
	纬向/N	196	300
纺织密度	经向/(根·cm^{-1})	13 ± 1	13 ± 1
	纬向/(根·cm^{-1})	14 ± 1	8 ± 1
编织结构		平纹	平纹

（2）碳纤维布

碳纤维中碳的质量分数超过 92％，具有比较高的比强度和比模量，是一种耐烧蚀性能优越的材料。如果碳纤维经过 2 500℃ 高温处理，耐高温性能会更好，见表 12－8。用作烧蚀材料时，一般采用中等强度的碳纤维织布，抗拉强度约为 3 000MPa；也可使用黏胶丝碳布，虽然强度较低，但含碳量可达 95％。为了改善纤维与树脂的结合力，碳纤维表面一般含有 1％～3％的环氧类或酚醛类处理剂，这一工序由纤维生产厂家完成。表 12－9 列出了几种国内常用聚丙烯腈基碳纤维布的性能。国外喷管大量采用黏胶丝碳布，表 12－10 为 SNECMA 公司进行 Ariane5 等固体发动机喷管生产所用碳布的性能。

表 12－8　不同类型碳纤维喷管材料性能

材料类别	碳纤维处理温度/℃	烧蚀率/(mm·s^{-1})	碳化深度/mm
黏胶丝基碳	1 330	0.208	9.906
黏胶丝基石墨	2 500	0.162	9.938
低温碳化 PAN	1 350	0.172	10.668
标准 PAN	1 650	0.160	13.462
高温处理 PAN	2 400	0.124	20.828

表 12－9　聚丙烯腈基碳纤维布性能

性　能		1K		3K	
织物结构		平纹	平纹	平纹	平纹
碳纤维线密度/(g·km^{-1})		56～60	64～68	174	198
碳的质量分数/(％)		≥92	≥92	≥92	≥92
织物密度/(根·cm^{-1})	经向	109～113	96～100		
	纬向	109～113	96～100		
面密度/(g·m^{-2})		125～140		230～300	
厚度/mm		0.16～0.20		0.30～0.36	
断裂强力/N	经向	1 000		1 500	
	纬向	1 000		1 300	

表 12－10　国外固体火箭发动机喷管黏胶丝碳布的性能

性　能	NARC	Raycard C2™
纤度/tex	1 650	3 300
纤维	720 连续	2000 连续
织物结构	8HS	8HS

续 表

性 能	NARC	Raycard C2™
经向织物密度/(根·cm⁻¹)	141～157	157～208
纬向织物密度/(根·cm⁻¹)	141～157	138～181
宽度/mm	1 016～1 067	1 018～1 079
面密度/(g·m⁻²)	254～292	278～376
公称厚度/mm	0.40～0.53	0.56～0.84
碳的质量分数/(%)	＞94.0	＞94.0
灰分/(%)	0.0～1.0	0.0～2.0
密度/(g·cm⁻³)	1.7～1.9	1.9～2.15
pH 值	5.0～7.4	7.0～11.0

12.3.2 基体树脂

布带缠绕复合材料是在液压釜内固化的,所用的树脂多为抗烧蚀性能较好的酚醛树脂,特别是以氢氧化钡为催化剂合成的钡酚醛树脂,分子量小,黏度低,固化时放出的低分子物少,适宜低压成型,且工艺性好,对碳纤维布的浸润性优于氨酚醛,但耐热性不如氨酚醛。

12.3.3 缠绕件制造工艺

用作喷管防热构件的布带缠绕复合材料必须具有良好的力学性能、烧蚀性能和内在质量,不得有分层、裂纹、皱褶等缺陷。大部分喷管部件采用碳布/酚醛和高硅氧布/酚醛复合结构复合材料,将其碳布层厚度严格控制在一定范围内。因此在工艺过程中除了采用合格的原材料外,工艺参数的控制也十分重要。工艺流程如图 12-6 所示。

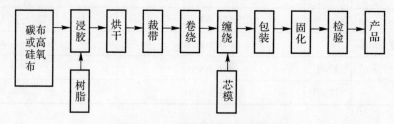

图 12-6　布带缠绕工艺流程图

(1)布带浸胶(预浸胶带制备)

浸胶在浸胶机上进行,胶液是一定浓度的钡酚醛树脂酒精溶液。布经热处理炉烘烤后,通过胶槽浸渍胶液,浸渍时间依布厚度不同有所差别,以胶布牵引速度来控制浸渍时间,然后经过烘干炉烘干,使浸胶布带达到一定的技术指标要求。

(2)缠绕成型

缠绕一般在数控布带缠绕机上进行,分为平行、重叠、斜缠 3 种方式。平行缠绕适合于圆柱形制品,此类产品较少。常见的是锥形和特型曲面产品,因此重叠和斜缠工艺应用较多。

重叠缠绕时,芯模匀速转动,缠绕小车由小端走向大端,使预浸胶带的一面紧靠模具表面并平行于芯模轴线。这样,布带的重叠面积较大,布带间沿气流方向不易被撕裂,材料的抗冲刷性能较好。如果芯模角度过大,布带贴合不好,容易产生滑移,或内表面产生皱褶,需调整布带宽和工艺参数。制品厚度包括部件厚度、机加余量和固化压缩量。压缩量随缠绕密实度、固化压力的变化而变化,一般取制品厚度的 1/3。

斜缠是较先进的缠绕工艺方法,缠绕时胶带平面与缠绕芯模轴线成一定角度。斜缠要求布带具有较大的变形能力,在与缠绕件中心线成大角度缠绕时,可以铺得平坦,布层顺着气流方向排列,避免了因高速气流冲刷引起的揭层和机械剥蚀,提高材料的耐烧蚀性能。斜缠的关键是如何将布制成扇形并定向排列在芯模上。

缠绕时应对布带施加一定的张力,合适的张力和压辊压力可使布带缠绕紧密,一般应将缠绕件密度提高到最终固化产品的 90% 左右。缠绕点附近可用热风加热,缠绕后应立即使布带冷却、定型。

(3)缠绕制品的固化

缠绕件固化一般采用液压釜或气压釜。酚醛树脂在固化过程中会放出低分子挥发物,需装置真空系统将其抽去。因此要求对缠绕件进行包封,使其不漏水,同时真空管道不被低分子液体堵塞。缠绕件外用多层吸胶布包扎、橡胶袋包封,装上密封管道和密封件并进行真空检漏合格后,方可放入液压釜内进行加温加压。固化控制的主要工艺参数是温度、压力和真空度,升温速度和加压时机视具体产品而定。

12.3.4　性能

布带缠绕复合材料的基本性能见表 12-11,该类材料还具有良好的耐老化性能,在 8 年贮存期内性能不会降低,是目前最广泛采用的烧蚀防热材料。高硅氧/酚醛复合材料用于喷管固定体、倒锥防热部件,最大线烧蚀率为 0.061~0.103 mm/s;碳布/酚醛复合材料用于喷管扩张段、防热环等防热部件,最大线烧蚀率为 0.087~0.197 mm/s。

表 12-11　布带缠绕复合材料的性能

项　目		高硅氧/酚醛	碳布/酚醛
密度/$(g \cdot cm^{-3})$		≥1.65	≥1.38
抗拉强度	轴向/MPa	31.4	52.8
	环向/MPa	41.6	95.7
抗压强度	轴向/MPa	92.8	95.7
	环向/MPa	131.2	
抗弯强度	轴向/MPa	102.9	98.1
	环向/MPa	131	
层间剪切强度/MPa		20.6	17.9
氧乙炔线烧蚀率/$(mm \cdot s^{-1})$		≤0.16	≤0.07

12.3.5 质量控制

国内外固体发动机的地面和飞行试验经验表明,布带缠绕树脂基烧蚀防热复合材料原材料中碱金属质量分数超标、叠层方向不适宜以及布层皱折都可能导致喷管烧蚀异常,使安全性大幅降低。因此,在制造中需对材料和工艺进行严格控制。

(1)预浸胶带质量指标

1)树脂质量分数。高硅氧玻璃布预浸布的树脂质量分数为 32%～42%,而碳布预浸布的树脂质量分数为 35%～50%。树脂质量分数过高,复合材料的力学性能降低;树脂质量分数过低,易造成复合材料分层,烧蚀率增加。

2)挥发分质量分数。一般控制到 6%～10%。挥发分质量分数恰当,有利于浸胶布带在缠绕时变软和层间黏结,过高或过低都会影响到复合材料的力学性能和烧蚀性能。

3)不溶性树脂质量分数。应在 5%～10%范围内。它是浸胶布带工艺性的反映,使布带柔软,缠绕时不打滑,层间初黏力强,同时产品的力学性能和烧蚀性能比较稳定。

4)环境条件。浸胶、缠绕时的环境条件,如温度、湿度、洁净度等,对复合材料的质量稳定性是有影响的。空气中的粉尘会影响布带层间黏结性能;室温的变化使浸胶布带的指标控制较为困难;湿度也是一个重要影响因素,湿度过大会使浸胶布带发黏,浸胶和缠绕都难以正常进行。因此需要对环境条件加以有效控制。

(2)质量表征

布带缠绕复合材料的质量分为表观质量、试样性能和内部质量三方面。

1)表观质量。高硅氧布/酚醛外观为黄色或棕红色,碳布/酚醛为黑色,如果出现白色斑块,系漏水所致。要求构件内表面平整、光滑、无沟槽和皱褶现象,外表面无疏松、凹坑等缺陷。

2)试样性能。布带缠绕件应有基本性能试样数据,以证明产品的性能可靠和工艺合理。一般要求在缠绕件小端留有截取试样的尺寸,测定复合材料构件的 3 项主要性能,即密度、剪切强度和氧乙炔烧蚀率。

3)内部质量。毛坯外表面经机加后,应进行 X 光或超声波检测,以观察其内部是否存在裂纹、疏松、起泡等缺陷。

(3)质量控制

为保证布带缠绕复合材料的质量,除采用合格的原材料,制定合理的工艺外,关键是控制工艺参数。浸胶时胶液的浓度、温度和牵引速度是直接影响预浸胶带的三项指标。缠绕的张力、固化工艺过程的温度、压力和真空度等工艺参数都对产品的质量起着决定性的作用,必须严格加以控制。

12.4 树脂基防热材料技术存在的问题及研究方向

模压碳/酚醛材料和布带缠绕碳/酚醛材料作为两类最早出现的传统树脂基防热材料,目前在我国多种固体火箭发动机喷管上得到广泛应用。随着固体火箭发动机技术的不断发展,对材料的要求不断提高,传统的模压碳/酚醛材料和布带缠绕碳/酚醛材料难以满足使用要求,必须发展新型高性能树脂基防热材料。

1. 耐热树脂基体改性研究

目前树脂基扩张段绝热层主要采用碳布、高硅氧布和钡酚醛树脂 3 种原材料。酚醛树脂由于价格低廉、成碳率高、耐高温性能优良、力学性能与工艺性好等优点,从 20 世纪 60 年代起就作为耐高温和耐烧蚀材料得以使用,目前仍被广泛地应用于宇航材料的耐烧蚀部件。随着空间技术与固体火箭技术的迅速发展,对耐烧蚀树脂基体的耐热性和耐烧蚀性提出了更高的要求。传统的酚醛树脂由于具有中等的热氧稳定性、内在的脆性,吸水率高,通过缩聚固化后会产生小分子挥发物等缺点,难以满足更高的要求。

为了提高树脂基防热复合材料的抗烧蚀性能和工作可靠性,开发新型耐热树脂(耐热温度高、残碳率高)成为树脂基防热复合材料研究的一个重要方向。开发的新型酚醛树脂有硼酚醛、三嗪酚醛和开环聚合酚醛树脂等,其中硼酚醛树脂已开始型号应用。同时,开发出的一系列新型高性能基体树脂中,聚芳基乙炔(PAA)树脂是最具潜力替代酚醛树脂作为烧蚀防热材料的基体树脂。

硼酚醛树脂的残碳率高达 71%,优于残碳率分别为 59% 和 56% 的氨酚醛树脂和钡酚醛树脂。硼酚醛树脂开始分解温度为 424℃,分解峰温度为 625℃;氨酚醛树脂和钡酚醛树脂分解开始温度分别为 420℃ 和 428℃,分解峰温度分别为 594℃ 和 613℃。3 种酚醛树脂的耐热性差异是由其分子结构决定的。硼酚醛树脂的分子结构中引入了硼元素,酚羟基的氢原子被硼原子取代,固化产物为含硼的三向交联结构,因此树脂的残碳率和耐热性得以提高。

PAA 分子结构中仅含碳元素和氢元素,是一种高度交联的芳族亚苯基聚合物,材料中可挥发物的质量分数仅为 10%,理论残碳率高达 90%,吸水率仅为 0.1%～0.2%,为酚醛树脂的 1/50(酚醛树脂吸水率为 5%～10%);而且固化反应为加成聚合反应,无低分子物逸出,固化后分子结构中仅含 C 元素和 H 元素(见图 12-7)。因此,PAA 的玻璃化温度和热解温度明显高于酚醛树脂,后者热解温度为 800℃,热解产物主要是 H_2,而酚醛树脂的热解峰温度仅为 500℃,热解产物为高分子量烃和含氧化合物。酚醛树脂和 PAA 的耐热性对比见表 12-12。

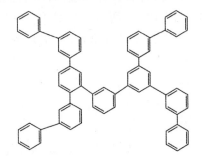

图 12-7 PAA 树脂固化后的分子结构

表 12-12 固化树脂的耐热性对比

树酯种类	900℃时的残碳率/(%)	开始分解温度/℃	分解峰温度/℃
钡酚醛树脂	56	428	594
氨酚醛树脂	59	420	613
硼酚醛树脂	71	424	625
PAA 树脂	76	428	640

开环聚合酚醛树脂学名为 3,4 -二氢- 3 -苯基- 1,3 -苯并噁嗪(简称苯并噁嗪),是一类含杂环结构的中间体,一般由酚类化合物、伯胺类化合物和甲醛经缩合反应制得。在加热和(或)催化剂的作用下,苯并噁嗪发生开环聚合,生成含氮且类似酚醛树脂的网状结构,因此这种新型树脂亦简称为苯并噁嗪树脂。该树脂合成中随着噁嗪环个数的增加,树脂的固化交联密度增大,有利于树脂成碳率的提高。700℃下,多噁嗪环的树脂(PBOZ)成碳率可达 68.0%。初步研究表明,材料的抗烧蚀性能优于酚醛树脂复合材料。

对树脂体系改进的另一个重要方向是添加耐热或低密度填料,改善其成碳性,降低密度。填料包括二氧化硅、碳、石墨、玻璃、人造丝、焦粉、纤维、中空微球等。美国在 20 世纪 80 年代开展了微米级碳粉与石墨粉以及中空微球改性酚醛树脂的研究,并在航天飞机固体助推器发动机、三叉戟导弹发动机上进行实际应用。近几年,美国的科研工作者采用纳米黏土(MMT)、纳米碳纤维(CNF)和多面体低聚半硅氧烷(POSS)3 种纳米材料对 SC - l008 酚醛树脂进行了改性。结果表明:纳米材料可明显改进酚醛树脂的性能,其中纳米碳纤维对酚醛树脂材料烧蚀性能的改进效果更为明显。

2. 新型成型技术研究

布带缠绕酚醛树脂基复合材料通常采用简单的重叠缠绕工艺,由于层间结合差,层间剪切强度低;而酚醛树脂高温热解时又会产生大量气体,在复合材料内产生高压,容易引起制品分层,从而导致固体发动机试验中因分层引起的喷管扩张段部件出现过度烧蚀现象,影响发动机工作的可靠性。因此国外大力发展新型成型技术研究,主要包括布带斜缠技术、缠绕/法向缝合技术、三维织物＋树脂传递模塑(RTM)工艺。

(1)布带斜缠技术

布带斜缠工艺中,布带与制品轴向的夹角称为缠绕角,缠绕角对布带缠绕复合材料的损坏深度和材料内最大压差有很大关系。布带缠绕工艺的缠绕角为 ϕ,对于重叠缠绕工艺,缠绕角 $\phi=0°$。研究发现,当缠绕角 $\phi=0°$ 时,材料损坏深度随时间的延长而增加,当损坏深度达到 0.65cm 时,损坏深度不再增加,如图 12 - 8 所示。如图 12 - 9 所示的是当试验时间 $t=200$ s 时,分层损坏程度与缠绕角 ϕ 的关系。可以看出,分层损坏程度与缠绕角 ϕ 的关系很大,当 $\phi>20°$ 时,分层损坏减到零。

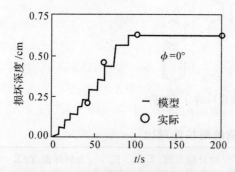

图 12 - 8　$\phi=0°$ 时损坏深度随时间变化

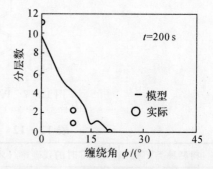

图 12 - 9　分层损坏程度随 ϕ 的变化

在初始水分的质量分数一定的条件下,材料发生分层的时间随缠绕角的增大而延长,当缠绕角增大到一定值后,分层时间不再变化。当缠绕角较小($\phi=5°$)时,对初始水分的质量分数很敏感。初始水分的质量分数为 5% 和 2% 时,达到分层损坏的时间分别为 45 s 和 75 s,初始

水分的质量分数为 1%时,在 100 s 的加热时间内,未达到分层损坏所需的压差,如图 12 - 10
(a)所示。当缠绕角较大($\Phi=15°$)时,对初始水分的质量分数的敏感性减小。即使当初始水分
的质量分数为 5%时,在 100 s 的加热时间内也未达到分层损坏所需的压差值,如图 12 - 10(b)
所示。因此,相比重叠缠绕技术,布带斜缠技术制备的复合材料的抗烧蚀性能得到有效提高。

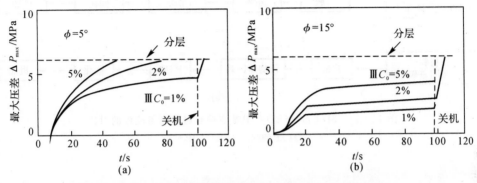

图 12 - 10 不同水分的质量分数下最大压差与时间关系
(a)$\phi=5°$; (b)$\phi=15°$

（2）布带缠绕/法向缝合技术

尽管如此,布带斜缠复合材料仍然属于二维复合材料,层间结合强度不高,因此,国外大力
发展布带缠绕/法向缝合技术。法向缝合在布的厚度方向引入连续纤维,层间结合力显著提
高,从而可明显提高复合材料的耐烧蚀性能和层间抗剥蚀力。

（3）三维织物＋RTM 工艺研究

采用三维织物是提高现有布带缠绕树脂基复合材料整体强度的有效途径。实际上,布带
缠绕/法向缝合技术制备的复合材料中增强体就是一种三维织物。目前在扩张段树脂基防热
复合材料中研究较多的三维织物是欧洲的 NAXECO 针刺织物,此外也有三维正交织物等三
维编织物。编织复合材料最早应用于载入大气层运载火箭的表面热屏障层。

由于增强体本身为三维结构,其树脂基体的浸渍与现有布带缠绕材料不同,普遍采用
RTM 工艺。三维编织结构＋RTM 成型工艺被认为是目前国际上最先进的复合材料制作工
艺技术之一,是扩张段绝热层成型技术今后发展的一个重要方向。

Snecma 固体推进部引领了新一代碳/酚醛防热材料的开发,采用 Naxeco 三维增强预制
体,通过树脂传递模塑法(RTM)工艺用酚醛树脂浸渍制造而成,并将其首次应用在 CNES 资
助的 Vega 运载器的第一级发动机 P80 喷管上。传统的黏胶丝布带缠绕扩张段绝热层制备周
期长、耐烧蚀,但由于力学性能低,一般需要结构支撑,而且试车后由于冷却会出现大的开裂。
而通过采用针刺预制体,结构具有高的力学性能,可取消金属支撑。而且由于采用更低成本的
大丝束 PAN 基碳纤维原材料、RTM 工艺,取消了胶带浸渍和储存,从而降低了成本。其制备
流程对比如图 12 - 11 所示。RTM C/P(碳/酚醛)构件的性能与 2D C/P 相当,减重达 10%。

RTM 成型工艺是近无余量制造先进复合材料的加工方法,它对树脂的要求与布带缠绕
工艺不同。一般来说,适应于 RTM 成型的树脂基体要求在室温或较低的温度下具有低的黏
度和一定的贮存期,树脂对增强材料应具有良好的浸润性、匹配性和黏附性,树脂在固化过程
中应无副产物或低分子反应物尽量少等。而固体发动机喷管的工作环境还要求树脂具有高的
耐烧蚀性能。因此,目前固体发动机喷管 RTM 成型用树脂主要集中在酚醛树脂的改性方面。

通过改性,在保持原有酚醛树脂耐烧蚀性能、力学性能的基础上,使其具有加成反应的特征,反应过程中无小分子生成。可选的树脂主要有酚三嗪(PT 树脂)、双马来酰亚胺改性酚醛树脂、聚芳基乙炔、苯并噁嗪等。

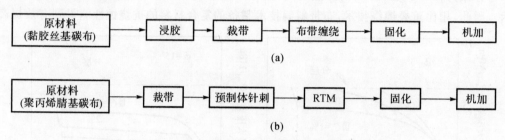

图 12-11　3D C/P 与 2D C/P 喷管绝热材料制备流程的对比

(a)2D C/P 喷管；　(b)3D C/P 喷管

思 考 题

1. 树脂基防热复合材料常用的增强材料包括哪些？各自的特点是什么？
2. 树脂基防热复合材料对树脂基体有何要求？树脂基体的发展方向是什么？
3. 你认为影响模压防热复合材料力学和热性能的主要因素是什么？
4. 为什么布带斜缠制品的抗烧蚀性能优于布带重叠缠绕制品？布带斜缠工艺有何不足？
5. 你认为国内树脂基复合材料目前存在的主要问题是什么？

第13章 C/C复合材料

　　碳纤维增强碳基体复合材料(简称 C/C 复合材料),是一种具有性能可设计性和抗热震性的先进复合材料。它具有优异抗烧蚀性能、高比强度、高比模量、高温下极好的力学性能和尺寸稳定性等一系列突出的特点,适合于高温下、要求材料具有较高物理性能和化学稳定性的环境使用。它已成功地在航天器鼻锥、机翼前缘、固体火箭发动机喉衬及扩张段和飞机刹车片等重要航空航天领域得到广泛应用,是应航空航天领域的需要而开发的最成功的材料技术之一。从 C/C 复合材料诞生至今,不但原材料制造、工艺技术及制品性能得到了长足的进步,已形成了一定的生产规模,而且由于材料革新极大地促进了所应用领域的技术飞跃。目前,伴随着材料低成本化、多功能化和精细化的发展,C/C 复合材料可望在更广阔的领域得到应用。

13.1 C/C 复合材料的特点及技术现状

13.1.1 C/C 复合材料的特点

　　C/C 复合材料由碳纤维预制增强体和碳质或石墨质基体组成,属于高性能高温复合材料家族,有时为特定的性能需要添加某些特殊的涂层或填料。它结合了复合材料良好的力学性能及可设计性和碳质材料优异的高温性能,兼有结构材料与功能材料的特性,在航空航天、摩擦材料、原子能、冶金等许多领域得到了广泛应用。如图 13 - 1 所示为几种典型高温材料的比强度-温度图。

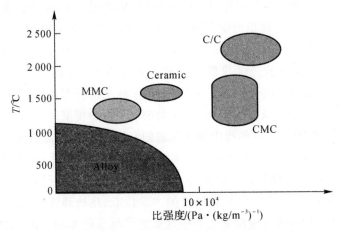

图 13 - 1　C/C 复合材料与其他高温结构材料的比强度

　　C/C 复合材料的优良特性主要有稳定的摩擦因数、高温下的高强度及高模量、抗烧蚀、抗腐蚀、高导热系数、高尺寸稳定性、化学惰性(还原—中性介质)、热稳定性、抗核辐射、抗疲劳和高导电性等。

C/C 复合材料的应用通常分为两大类：非结构件即低应力部件，结构承力部件。C/C 复合材料在非结构件上的应用已有 30 多年的历史，包括常见的应用，如飞机刹车片、热防护材料和火箭喷管喉衬。结构承力件通常要在无支撑的条件下承受主要的结构或热结构载荷。因此 C/C 复合材料用作结构承力部件则稍晚，典型应用有固体火箭喷管出口锥、涡轮发动机部件、液体燃料发动机推力室、航天飞机构件、卫星结构件及其他桁架替代件等。

13.1.2　C/C 复合材料的发展历程及固体火箭发动机喷管材料的进展

（1）C/C 复合材料的发展历程

1958 年美国 CHANCE - VOUGHT 公司在研究碳/酚醛材料时，偶然发现 C/C 复合材料。20 世纪 60 年代美国在 Wright - Patterson 空军基地（WPAFB）空军材料实验室（AFML）的发起下制备出 C/C 复合材料。此后，C/C 复合材料因卓越性能及巨大的市场潜力而得到迅猛发展。随着研究队伍日益壮大，西方等一些发达国家纷纷投入大量的人力、物力、财力，致力于这种材料的研究与开发，从而促进其性能不断地提高，应用范围日益扩大。C/C 复合材料发展应用大致可以分为 4 个阶段。

1）从 C/C 复合材料的发明到 20 世纪 60 年代中期为开发阶段。C/C 复合材料的发展可以说与碳纤维的发展息息相关。1958 年，美国用黏胶丝（纤维素）及其织物进行了碳纤维及碳织物的工业生产，并以商品形式出售产品。1959 年日本进藤昭男用纯 PAN 纤维制得了碳纤维。20 世纪 60 年代初，大谷杉郎用聚氯乙烯热解得到的沥青经熔融纺丝再经空气中不熔化和惰性气氛中碳化处理，得到沥青基碳纤维。1964 年，英国皇家航空研究所（RAE）的 Watt 等人在预氧化过程中对纤维施加张力，为制取高强度和高模量碳纤维开辟了新的途径。随后，Bristol 等公司利用该技术生产 PAN 基碳纤维。

2）20 世纪 60 年代中期到 70 年代中期，随着研究的逐步深入，C/C 复合材料开发进入到了工程研究阶段。1969 年日本东丽公司成功研制 PAN 基碳纤维，并结合美国 Union Carbide 公司的碳化技术，生产出高强高模的碳纤维，有力地推动了 C/C 复合材料的发展。人们将磁编织和磁缠绕技术成功运用于碳纤维预制体成型。1966 年 LTU 空间公司已将 C/C 复合材料用于阿波罗宇宙飞船控制舱光学仪器的热防护罩和 X - 20 飞行器的鼻锥。1974 年英国 Dunlop 公司的航空分公司首次研制出了 C/C 复合材料飞机刹车盘，并在协和号超音速飞机上试飞成功，使每架飞机质量减轻 544 kg，刹车盘的使用寿命提高了 5～6 倍。

3）20 世纪 70 年代中期到 80 年代中期为先进的 C/C 复合材料研制和应用时期，C/C 复合材料的各项研究进一步向广度和深度发展。预制体织物的结构设计及各项织物加工技术的成熟，成功地解决了 C/C 复合材料的各向异性问题，正确地选取和设计增强织物使其满足复杂结构的需要成为可能。人们对 C/C 复合材料的力学性能、热物理性能，抗氧化性能及制备工艺进行了大量细致的研究，为其应用领域的拓宽奠定了坚实的基础。国外少数发达国家已将 C/C 复合材料飞机刹车盘先后应用于数十种军用飞机和民用飞机。由于 C/C 复合材料有良好的生物相容性，20 世纪 80 年代初，国内外已开展了 C/C 复合材料在医疗行业里的应用，诸如人造心脏瓣膜，人造骨关节等陆续投入使用。

4）20 世纪 80 年代中期到现在，是 C/C 复合材料及其相关衍生物的研制和全面推广应用时期。这期间出现的各种功能或结构 C/C 复合材料引人注目,如桑迪亚试验室研制的一种蜂窝状 C/C 复合材料,不仅质量轻,强度高,而且具有良好的隔热性能;C/C 复合材料的应用领域从航空航天迅速扩展到核能、冶金、医疗、汽车、体育等众多行业领域。

总的来说,对于 C/C 复合材料的研究,国外起步早,进行得全面,总体水平高。我国自 20 世纪 70 年代初期开始跟踪 C/C 复合材料研究以来取得了长足发展,现已应用于热防护材料(导弹弹头及机翼前缘等)和烧蚀材料(尾喷管、喉衬等),在用作飞机碳刹车副方面也已取得了一些进展,但对 C/C 复合材料内在本质结构、力学性能尤其是高温强度方面的研究不足。随着 C/C 复合材料的发展,有必要对这些问题进行深入研究,在此基础上才能实现设计/材料/工艺一体化,C/C 复合材料的巨大潜力才有望得到进一步发挥。

(2)固体火箭发动机喷管材料的发展过程

由于固体火箭发动机喷管是非冷却式的,对材料要求很严格,不但要求材料能承受热负荷、机械负荷和热冲击,还要能经受化学腐蚀,并且要求其具有极好的形状、尺寸稳定性。喉衬材料的选用历经了难熔金属、陶瓷、石墨以及纤维增强塑料等一系列材料,它们满足了早期固体火箭发动机的研制需求,但这些材料或密度大或不耐热冲击或烧蚀率大,带来喷管较大的惰性质量等问题,制约了喷管效率的进一步提高。20 世纪 70 年代以来,多向编织 C/C 复合材料崛起,极大推动了喉衬材料的更新换代,美、法、俄等国先后研制出无支撑的 3D、4D C/C 整体喉部入口段(ITE)和整体喉部延伸锥(ITEC)。它具有轻质、高强、极好的抗烧蚀性能、优异的抗热震性能以及性能的可设计性等特点,是一种理想的喷管材料,成为当今先进固体火箭发动机广泛采用的喉衬材料。

国外高性能惯性顶级固体发动机、星系固体发动机、战略导弹固体发动机,几乎全部采用 3D、4D C/C 复合材料喉衬。高性能 C/C 喉衬材料密度为 $1.87\sim1.92\text{g/cm}^3$;环向拉伸强度为 $50\sim100\text{MPa}$;喉部烧蚀率大致水平为:一级发动机喉衬 $0.20\sim0.35\text{mm/s}$,二级发动机喉衬 $0.15\sim0.20\text{mm/s}$,三级发动机喉衬 $0.08\sim0.15\text{mm/s}$。

随着大型中空回转体部件研制技术的进步,20 世纪 80 年代以后,采用 C/C 复合材料制造的发动机喷管扩张段、延伸锥具有轻质、低烧蚀的特点,并且可简化喷管设计,提高发动机总冲,用于战略导弹第三级发动机喷管,可实现大幅减重增程的目标,是先进战略武器第三级发动机扩张段材料的首选,并成为先进战略武器系统的标志之一。

C/C 复合材料在喷管喉部、扩张段上的可靠应用,推进了其在固体火箭发动机喷管其他部件上的应用,例如烧蚀型燃气舵镶嵌件、背衬等,替代了传统的难熔金属或树脂基复合材料,实现了固体火箭发动机的高性能。

13.2　C/C 复合材料的制备工艺

碳是难熔材料,仅在高温、高压的条件下发生熔化,如 4 180 K,10.13 MPa,如图 13-2 所示。在接近熔点时,碳原子会以 C2、C3 等原子簇的形式形成碳的蒸气,表现出很高的蒸气压。因此,材料制备的化学方法,如熔化和熔融不适于碳制品的制备,只能通过对碳源化合物热解得到碳元素的方法进行碳材料的制备。C/C 复合材料制备的基本思路是先将增强材料制成预成型体,然后再以基体碳填充,逐渐形成致密的 C/C 复合材料。

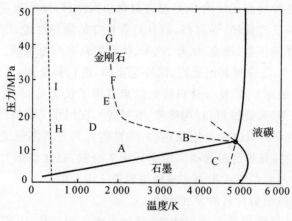

图 13-2 碳的相图

根据结构和应用条件不同,可以将 C/C 复合材料设计为多种预制体结构和采用不同致密成型工艺,其成型过程要经历数十道工序和高温高压的工艺循环,有的甚至需要 6~9 个月的周期。概括起来,它的工艺流程如图 13-3 所示。

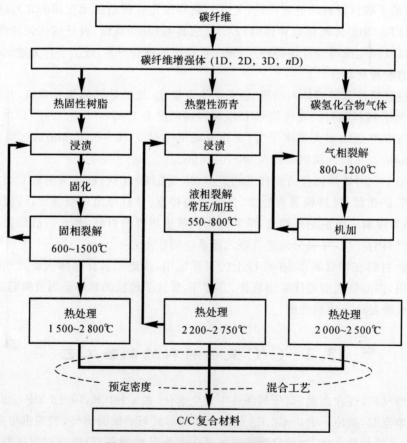

图 13-3 C/C 复合材料主要制备工艺

制备 C/C 复合材料所用碳源化合物的选择原则是要求在合适的温度、压力条件下具有比较高的碳收率。目前得到实际应用的碳源化合物主要包括：

　　1) 碳氢化合物：主要为低分子量的气体化合物，如甲烷、丙烯、丙烷等；

　　2) 热固性材料，如呋喃树脂、酚醛树脂、聚芳基乙炔树脂、聚丙烯腈等；

　　3) 热塑性材料，如沥青等。

　　根据碳源化合物种类和特点的不同，制备 C/C 复合材料的基本工艺有所不同，可分为热固性树脂浸渍/固化/碳化法，热塑性沥青浸渍/碳化法和低分子碳氢化合物 CVD/CVI 法。

　　基于热固性树脂或热塑性沥青热降解的致密方法统称为液相致密法。其过程为：首先使用含碳液体对多孔隙预制体结构进行真空/压力浸渍，使浸渍剂能够进入细小的孔隙。然后通过热解作用，使这些含碳化合物转化成固态碳和各种各样的易挥发的副产物。残碳率受起始材料的化学组成、分子重组以及反应参数，如温度、升温速率、热解温度下的保温时间和气体压力等的影响。所得到碳的结构还受热解过程中的质量和热传递现象以及挥发性副产物逸出的影响。

　　形成热解碳的 CVD/CVI（化学气相沉积/渗透）工艺利用易挥发的碳氢化合物如甲烷、乙烷、丙烯、丙烷、苯等作为前驱体。在热的基材表面发生热裂解，产生热解碳和以氢等为主要成分的挥发性副产物。在 CVI 工艺中，原料气体扩散到预制体时经历一系列复杂的气相反应，形成中间物质，随后进一步反应并在气体附近的热表面沉积碳。沉积的一个重要特征是成碳的各向异性和它黏附在基质外表。因此在纤维增强体结构中，所有的纤维都或多或少地被碳覆盖。

13.2.1　预制体成型

　　C/C 复合材料的性能由碳纤维的性能、基体碳的性能以及它们之间的界面性能共同决定，碳纤维是多向编织 C/C 复合材料的基础。各种碳纤维都可以用来制造 C/C 复合材料，且各有特点。

　　1) 氧化 PAN 纤维：成型工艺性好。典型的应用包括 Noveltex 针刺预制体和我国的整体毡预制体；

　　2) PAN 基碳纤维：纤维系列化程度最高，可选择性强，目前应用最为广泛；

　　3) 沥青基碳纤维：易石墨化，可赋予 C/C 复合材料高密度、高模量和高热导率；

　　4) 黏胶丝基碳纤维：低热导和隔热性能好的烧蚀 C/C 复合材料。

　　用作 C/C 烧蚀材料的碳纤维要求含碳量高，杂质少，具有较好的可编织性，在编织过程中损伤程度小。一般情况下，采用 T300 级别的高强碳纤维即可满足固体火箭发动机喷管喉衬、扩张段预制体成型和材料性能的要求。

　　C/C 复合材料的预制体成型和聚合物基复合材料一样可分为单向、二向、三向，甚至多向的方式 (1D, 2D, 3D, nD)，如图 13-4 所示。单向或二向大多是将碳纤维、碳纤维平面织物或碳毡等预先浸渍高产碳率的沥青或树脂，形成片状预浸料，然后铺层固化获得预成型体的。这种预制体中已包含有可形成基体碳的材料，经过后续的碳化、多次浸渍碳化工艺，最终形成具有一定密度的 C/C 复合材料。用作固体火箭发动机喷管的高性能耐烧蚀 C/C 复合材料，主要采用三维以上的多向增强技术,制成结构性能优异的圆筒状、柱状或截锥体的预制体,要兼顾构件使用、致密化工艺和与基体碳的界面结合多方面要求。如图 13-5 所示为 4 种典型多向增强织物结构,分别为径棒法织物、轴棒法织物、对角线 4D 织物和穿刺织物,均是固体火箭发动机喉衬常用的织物结构形式。法国研制的碳布、网胎针刺技术成型的 2.5D 织物(Novoltex)是制备大型扩张段部件较好的预制体结构,也主导了航空 C/C 刹车盘预制体领域,是性能与成本综合效率最佳的预制体成型技术,如图 13-6 所示。

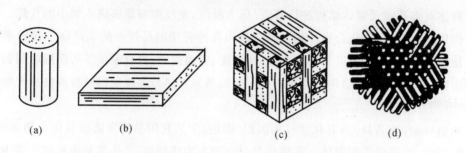

图 13-4　C/C 复合材料的预制体形式
(a)1D;　(b)2D;　(c)3D;　(d)nD

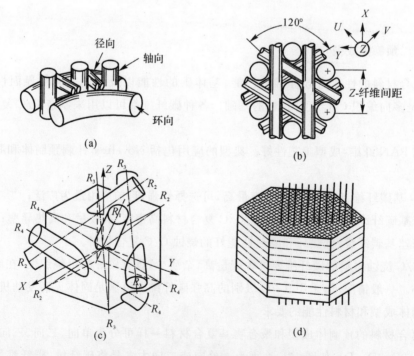

图 13-5　典型的多维编织预制体结构
(a)径棒法 3D;　(b)轴棒法 4D;　(c)对角线 4D;　(d)穿刺
R_1,R_2,R_3,R_4—四个方向的碳纤维棒

图 13 - 6　Novoltex 针刺技术

13.2.2　复合增密

在预制体成型后,C/C 复合材料接下来的成型过程就是一个基体碳逐渐填充其孔隙,形成致密的整体材料的过程,又称致密化。C/C 复合材料的基体碳主要是通过化学气相沉积/渗透(CVD/CVI)和液态浸渍含碳率高的高分子物来获得。通过气相法获得的基体碳称为沉积碳、热解碳,液相法获得的基体碳根据所用的原材料不同分为树脂碳和沥青碳。

1. 化学气相沉积/渗透(CVD/CVI)

(1)定义

CVD 原是一种表面改性技术,即以气态物质(或混合气体)为原料,在相当高的温度下,使其流过基体表面并发生相互作用、分解,在基体上形成一种单质或化合物固态薄膜或镀层的技术。后来,人们利用 CVD 技术来致密材料(或提高材料的密度),即引导气态物质渗透进入多孔材料内部进行填孔沉积达到提高材料密度的目的。法国人最先将 CVD 工艺用于制备陶瓷基复合材料和 C/C 复合材料。即将含碳气体(如甲烷、丙烯、丙烷等)扩散至含有大量孔隙的碳纤维坯体,在孔内通过 CVD 工艺析出碳,从而得到具有一定致密度的 C/C 复合材料。实质上,这种经过改性的 CVD 致密技术,就是目前广泛用于 C/C 复合材料致密化的 CVI 技术。

CVI 工艺是传统的 CVD 工艺的延伸,二者具有内在的联系,也存在一定的区别。二者的相同点:①反应气体输运到坯体的孔隙或基体的表面;②气体反应物在基体表面吸附;③被吸附的反应气体在基体的表面进行扩散和化学反应;④反应后的气体生成物从基体表面脱附并由扩散排出;⑤生成固态物质堆积在坯体或基体固体表面。

CVI 工艺独有的特点:①沉积的表面位于形状复杂的多孔坯体的内部;②沉积物的绝对数量一般比 CVD 工艺大得多。

另外,两种工艺的目的不同,CVD 工艺的目的是在基体的表面沉积相同或不同的功能薄膜,薄膜的增重一般远小于基体质量,薄膜的沉积时间一般为数分钟到数小时;而 CVI 工艺的目的是使由纤维组成的多孔坯体增密,其质量的增加可为坯体本身质量的 100%～900%,使材料达到某一期望的性能。传统 CVI 工艺的增密时间远远大于 CVD 工艺,达到数百小时甚至上千小时。

(2)分类

CVI 工艺中最早得到发展的是等温等压 CVI,但由于其致密效率低、成本高,随后根据不同需要又开发出了提高致密效率的一些 CVI 工艺,主要有:热梯度化学气相渗透、等离子增强化学气相渗透、压差化学气相渗透、化学液相汽化渗透、催化化学气相渗透、强制流动热梯度化学气相渗透、自热式化学气相渗透、脉冲化学气相渗透。下面将简单介绍各种化学气相渗透工艺及适用范围。

1)等温化学气相渗透(Isothermal Chemical Vapor Infiltration,ICVI)。等温法是将坯体放在等温的空间里,在适当的压力下,碳氢气体不断从坯体表面流过,依靠气体的扩散作用,反应气体进入样品孔隙内进行沉积,如图 13-7 所示。ICVI 是 C/C 复合材料制品最为广泛采用的气相渗透致密方法。

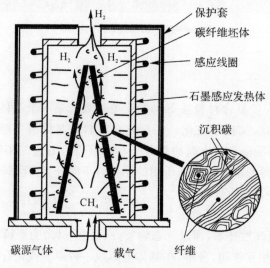

图 13-7 ICVI 致密示意图

ICVI 的优点是工艺简单,同炉可装多种规格的产品,并通过加大装炉量达到规模化效应,产品性能稳定,工艺重复性好;缺点是沉积周期长(一般均为 800 h 左右),材料最终密度偏低(一般为 1.60～1.70 g/cm³)。等温法的特点是样品与反应气体都保持在均热空间里,样品从内部到外部温度是均匀一致的,这样,沉积首先发生在与气体相接触的样品外表面上。由于渗透到样品孔隙里的碳氢气体浓度远低于样品表面的碳氢气体浓度,导致孔隙内外的沉积程度差异很大,造成大量的瓶颈式孔隙。随着沉积过程的进行,瓶颈的开口会越来越小,直至最后被堵死,形成表面结壳。为了提高材料最终密度,必须用高温热处理的方法打开闭口孔隙,用机械加工方法去除表面结壳,再继续沉积。一般需要经过多次这样的反复,才能最终得到高密度的材料。

另外,James W、王强等依据粒子填充理论,在天然气中加入 10%～20%丙烷,侯卫权等人提出在天然气中加人 30%～40%丙烯,来降低沉积温度。德国卡尔斯鲁厄大学的 Huttinger 等人提出缩短天然气在预制体表面的滞留时间,到达预制体内部孔隙处才发生热解、沉积碳反应。不仅可解决在预制体表面形成硬壳的问题,而且在提高炉压的条件下,可显著增加致密效率。针对 C/C 复合材料制品多种规格套装及厚壁的特点,苏君明等人则提出了"一种三路进气 CVI 致密套装碳/碳产品的方法"和"一种多沉积室 CVI 致密厚壁碳/碳圆筒件的方法"专利技术,提高了沉积碳效率,一炉增重可达 500～800 kg,丙烯利用率可达 30%;同时解决了炉内上、中、下产品密度不均的问题。

2)热梯度化学气相渗透(Thermal - Gradient Chemical Vapor Infiltration,TGCVI)。TGCVI 是在坯体内外表面形成一定的温度差(即温度梯度),让碳氢气体在坯体低温表面流过,依靠气体的扩散作用,反应气体扩散进入孔隙内,达到高温表面,发生碳的沉积。由于反应气体首先接触的是低温表面,因此,大量的沉积发生在样品里侧,表面很少沉积或不沉积,随着沉积过程的进行,坯体里侧被致密,内外表面温差越来越小,沉积带逐渐外移,最终得到从里到外完全致密的制品。

TGCVI 的关键是在制品的内、外表面形成一定的温度差。根据不同制品的使用要求,通过设备和工装的设计,可以实现外热内冷或外冷内热,如图 13-8 所示。

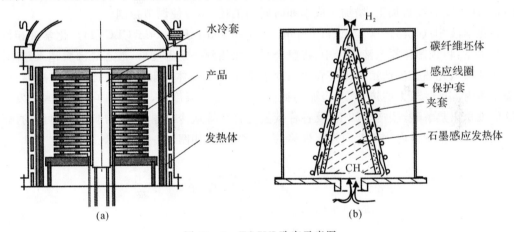

图 13-8　TGCVI 致密示意图

(a)外热内冷;　(b)外冷内热

此方法的优点是沉积速率明显高于 ICVI,而且降低了预制体外表面结壳的倾向,不需要对坯体反复机加。而且温度梯度工艺甚至可以在常压下进行,简化了工艺设备要求。该法的另一优点是沉积速度快(可比等温式快约 1 个数量级),可避免表面结壳,从而无需中间机加工,而且可在大气压甚至微正压下沉积,所得制品密度较高。但它的缺点是:在较厚的坯体内部存在密度梯度和微观结构的差别;控制沉积或渗透的条件比较困难;不同形状和尺寸的坯体需不同的线圈和装置,因此对形状复杂产品的制造较为困难。

3)压差化学气相渗透(Differential Pressure Chemical Vapor Infiltration,DPCVI)。压差法是等温法的一种变化,它依靠碳氢气体的强制流动通过多孔纤维坯体。坯体密封于沉积室内,置于加热区,由坯体对气体流动的阻力产生一个压力梯度。与等温法和热梯度法不同的是,随着沉积过程的进行,坯体内的孔隙被填充,压力梯度增加,沉积速率加快,如图 13-9 所示。

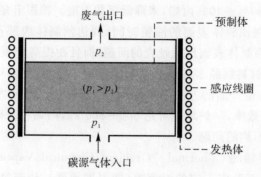

图 13-9　DPCVI 致密示意图

　　与等温法相比,压差法的优点是:对薄片状坯体的沉积速率可提高 1 倍以上;前驱气体有较高的转化效率,可得到较高的沉积速率。其缺点是:预制体内部存在密度梯度和相对较低的平均密度;基体的微观结构和复合材料的物理性能可能存在空间上的差别;只适合薄件,对厚状坯体沉积效果有限;不能在同一时间沉积多个坯体,每次只能沉积一个样品;沉积温度一般较高、坯体形状有特别要求、设备昂贵,而且设备经常需要更换;压力差可导致一些坯体变形和扭曲,往往需要后续机加工,增加了成本和时间的消耗,不方便调节控制。

　　4)化学液相汽化渗透(Chemical Liquid-Vaporized Infiltration,CLCVI)。化学液相汽化渗透技术是:将预制体浸入液态烃中,将整个系统加热到一定温度后,液态烃沸腾越来越剧烈,液态烃沸腾汽化热损失使预制体外表面温度下降而与发热体接触的内表面仍保持高温;这样在预制体内部产生较大的热梯度,当加热到所设计的工艺温度后,预制体内侧高温区会发生裂解反应沉积出热解碳,副产物如 H_2 及各种碳氢化合物等从冷凝器顶部排出;随着时间的延长,致密化前沿从预制体内侧逐渐向外侧推移,完成致密化,如图 13-10 所示。

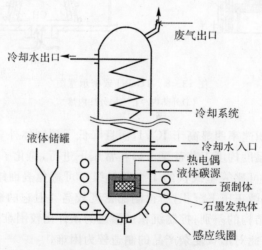

图 13-10　CLCVI 示意图

　　该技术致密化时间短且一步成型。国外科学家们用该技术生产的 C/C 刹车片效率提高 100 倍以上,是目前致密化工艺效率最高、成本最低的一种增密技术;在制备薄壁碳基等热结构复合材料方面前景诱人,是热结构复合材料走向民用市场很有前景的一种工艺途径。目前该技术还有一些不足之处：制备形状复杂部件还有一定难度；系统内压力调节有限；由于预制体需完全浸于易燃的液态烃中，安全性不可忽视；在制备多元基复合材料及复杂结构的功能梯度材料方面还有一定难度。合理模型的建立，工艺的进一步完善优化等，这些都是亟待解决的问题，只有真正解决了这些问题与不足，才能使化学液相汽化渗透技术所带来的低成本得以实现。

5）强制流动热梯度化学气相渗透（Forced Flow - Thermal Gradient Chemical Vapor Infiltration，FCVI）。FCVI 工艺是在预制体内部同时形成了温度梯度与压力差：①将预制体放入圆筒形石墨发热体上部，下部放置水冷注射枪，通过水冷注射器建立上下热梯度，温度梯度一般为 200～500℃；②同时供应较高压强气源，在预制体中建立压强差，预制体内压强差值约为 3～5kPa，这种压强梯度保证气体定向流过预制体（如图 13-11 所示）。FCVI 法依靠预制体两面的压力使气体进行直接流动性的渗透，克服了传统 CVI 法气体扩散传输的限制，可在短时间内制备出密度均匀、性能优良的构件。

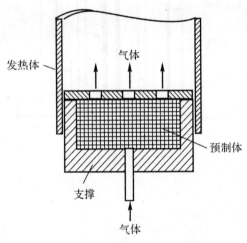

图 13-11　FCVI 示意图

此方法的优点有：沉积效率高，沉积时间短，中间不需机加工。缺点有：①不适合复杂形状的预制体；②每次只能处理一个样品，规模化困难大；③设备复杂，操作起来不方便，很难适应规模化生产的要求，需价格昂贵的石墨固定物，且不同尺寸的坯体需不同的石墨固定物。

6）直热式/电加热化学气相渗透（Electrified Heating Chemical Vapor Infiltration，EHCVI）。直热式/电加热化学气相渗透工艺是由中科院沈阳金属研究所提出的一种快速致密化 CVI 技术，如图 13-12 所示。预制体在电流作用下直接发热，由于预制体发热的特点和冷却的作用，使得坯体的内外表面形成了一定的温度梯度，沉积由预制体内部向外进行。同时预制体在电流作用下以纤维为中心产生的电磁场，使反应气体中间产物即自由基在交变电磁场作用下更加活泼、碰撞几率增多，从而提高沉积速率。试验证明采用该工艺可使沉积速率提高30～50 倍。但由于该工艺对电流电压要求苛刻，使装炉制品数量受到了限制，而且致密过程中电流、电压一直在变化，其致密过程可控性较差。

为此，吴晓军开发了一种旨在用于 C/C 喉衬等厚壁 C/C 复合材料的电耦合化学气相沉积/渗透（Electrically Coupled Chemical Vapor Infiltration，ECCVI）工艺，如图 13-13 所示。使棒状石墨发热体穿过筒状预制体，并与预制体形成紧密接触的耦合结构，这样电流主要在发热体中流过,沉积过程中密度逐渐增加的沉积层也会在参与导电的同时形成梯度电磁场。这种结构既解决了预制体直接带电引起电流、电压不稳定,不易于工程化应用的缺点,同时又在预制体中引入了可提高气体传输速率的电磁场。

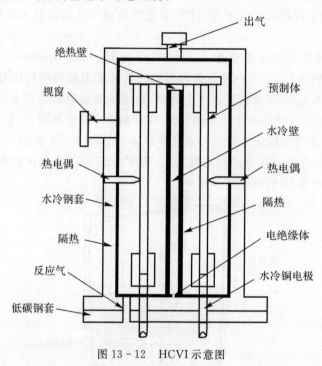

图 13-12 HCVI 示意图

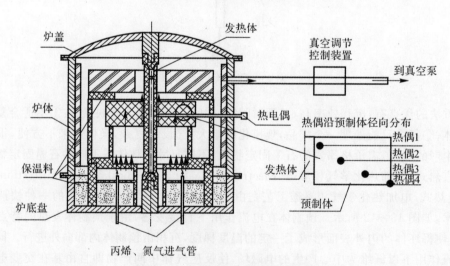

图 13-13 电耦合 CVI 装置示意图

法国 SEP 公司开发了直接耦合(即预制体在电磁场作用下自加热)化学气相沉积/渗透(Direct Coupled Chemical Vapor Infiltration,DCCVI)工艺,如图 13-14 所示。即将具有导电性能的针刺碳纤维预制体置于真空感应炉内,通过外部感应器所导致的楞次效应而使自身加热。其显著特点是:喉衬材料中心密度高,有效解决了传统 ICVI 厚壁制品内外密度梯度问题,如图 13-14(b)所示,使 Ariane5 助推发动机喷管喉部的烧蚀率下降了 28%;可制得高密度(1.75g/cm³)的 C/C 喉衬组件;提高了生产效率,致密化时间下降了 40%。

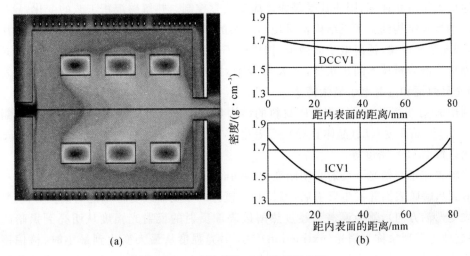

图 13-14　直接耦合 CVI 装置示意图
(a)直接耦合 CVI;　(b)DCCVI 与 ICVI 工艺的密度分布的比较

7)催化化学气相渗透。为了缩短沉积周期,还出现了催化化学气相渗透工艺。这种工艺把含有 Ni、Fe、Cr 等元素之一的物质浸入到预成型体中,可以降低沉积温度,缩短工艺时间,同时使沉积均匀,在常压下操作简便易行。催化元素一般由活性组分、助催化剂及载体 3 部分组成,有时,仅含活性组分和载体(有时载体也能起到催化作用)。载体的重要性在于使金属颗粒能分散得更好,从而减小金属颗粒的粒度,增加其活性。同时载体中较小的孔隙加大了碳蒸气的饱和蒸气量,促进碳蒸气的凝固,有利于达到沉积碳所需的浓度。另外,载体比例增大,可以更好地分散金属离子,从而减少金属颗粒在高温时的熔合,尤其是小颗粒,使其能在高温下保存而不降低活性。此方法在实验室已经取得了一些令人满意的结果。

8)等离子增强化学气相渗透。该法是利用等离子体中电子的动能去激发气相化学反应。等离子增强 CVI 的辉光放电等离子体是施加高频电场电离的低压和低温气体。等离子体的电离状态是由其中高能电子以某种方式来维持的,施加电场时,由于电子质量轻,所以传递电子的能量高;同时由于等离子体中电子与离子质量的差别,限制了电子将能量传递给离子,结果能量迅速增加到能发生非弹性碰撞的程度,此时高能电子引起电离,并通过与碳氢气体分子的相互作用在坯体里沉积热解碳。此法的特点是沉积可在低温、低流量下进行,沉积效率较高,但由于它与常规 CVI 化学反应热力学原理不同,形成的沉积碳结构差别很大。

9)脉冲化学气相渗透。脉冲法的原理是利用脉冲阀交替地充气和抽真空。反应残气被及时抽走,每次都是新鲜气体进入多孔体内反应。该法的优点是可获得快速深度沉积,但需要一套快速压力循环系统,具体操作上有一定困难。如果能够利用计算机来控制工艺过程,该法将变得更有吸引力。

(3)热解碳的形态

热解碳是气相成碳,通过烃类(碳氢气体)气相的分解或反应生成固态物质,在固定基体上成核并生长。固态碳的沉积过程十分复杂,与工艺参数(温度、压力、反应气体流量、载气的流量、分压等)有着密切关系,尤其受反应温度及压力影响较大。一般低温低压下受表面反应动力学控制,而在高温高压下受扩散控制。在控制工艺参数时,应使反应气体和反应生成气体的扩散速度大于沉积速度,即使其受表面反应动力学控制。热解碳沉积工艺的变化,导致其微观结构从纳米级结构到微米级结构都呈现出复杂的多样性。研究其形态结构,可以采用图像分析法,如光学显微镜、透射电子显微镜、扫描电子显微镜等各种显微照相技术;也可以通过物相组成分析等谱分析技术间接获得,如 X 射线衍射、光谱等。目前得到广泛应用的有 X 射线衍射、偏光显微镜和透射电子显微镜法。

利用 X 射线衍射法可以测量碳材料的结构参数包括芳香碳平面间距 d_{002}、乱层组织结构的尺寸 L_c(微晶高度)、L_a(晶体直径)、石墨化度(Franlin – Bocon 公式)、织态结构(Bacon 各向异性化系数 BAF)、密度等。

热解碳在正交偏光下反射光明暗变化的同时,还会出现十字形的消光现象。当一束偏振光照射到热解碳表面并发生反射后,保持起偏镜方向不变而改变检偏镜的偏振方向(转动样品台或改变光轴方向),就会观察到经过热解碳表面反射的反射光强度从明亮到黑暗的连续变化,将这种光学现象称为消光(extinction)。反射光强度从最大变化到最小时,检偏镜偏离正交位置的角度就是消光角(extinction angle,A_e)。通过直接测量消光角可以表征热解碳的织态结构。

消光角的测量如图 13 - 15 所示:选择沉积有约 $5\sim10~\mu m$ 厚热解碳的纤维测量消光角。在偏振光显微镜中,当两个 Nicols(尼克尔)棱镜正交时,视场中出现黑十字线,通过反时针旋转分析仪(检偏器),第一象限色泽由亮逐渐变暗,继续旋转又会逐渐变亮。在第一象限第一次处于最暗时,分析仪刻度盘上的读数之差即为所测热解碳的消光角数值。

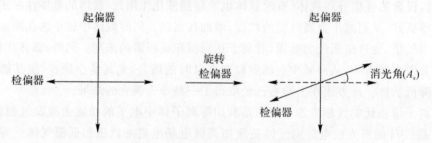

图 13 - 15 光学测量热解碳 A_e 示意图

消光角可以作为定量区分 CVI 制备的低温热解碳种类的指标。当沉积在纤维表面的热解碳有很强的反射率时,正交偏光显微镜下的十字消光中有许多不规则的发射状条纹,消光角为 $18°\sim24°$,将这类热解碳称为光学粗糙层状热解碳(Rough Laminar,RL)。RL 有很高的密度($2.1\sim2.2~g/cm^3$),是一种高织构(High Texture,HT)碳材料。当沉积的热解碳的反射率下降,反射状条纹减少时,它们对正交偏光下的消光的干扰减弱,消光角为 $13°\sim18°$,将这类热解碳称为光学光滑层状热解碳(Smooth Laminar,SL)。SL 的密度一般为 $1.9\sim2.0g/cm^3$,是一种中等织构(Medium Texture,MT)碳材料。当热解碳的反射率继续下降,消光十字更加光滑,消光角为 $4°\sim13°$,将这类热解碳称为光学暗淡层状热解碳(Dark Laminar,DL)。DL 的密度只有 $1.7\sim1.9g/cm^3$,是一种低织构(Low Texture,LT)碳材料。当热解碳的反射率接近于 0,碳纤维和基体已难以区分,正交偏光显微镜下只有极其微弱的消光现象,估计消光角小于 $4°$,将这类热解碳称为光学各向同性热解碳(Isotropic,ISO)。4 种热解碳的光学显微镜形貌照片如图 13 - 16 所示。

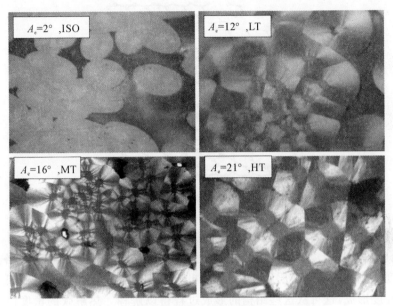

图 13 - 16　CVI 制备的各种热解碳的偏光显微镜照片

　　透射电子显微镜可以把电子束聚焦到样品的某一微区发生衍射,这样既可以在高倍下观察材料的组织形态,又能够对其进行原位结构分析。利用透射电子显微镜可以测量热解碳的定向角(Orientation Angle, A_o),从而定量表征其织态结构。将解碳的选区电子衍射斑进行数字化处理后,发现其强度随着衍射角的变化呈现一定分布,并且热解碳的织态结构越高,衍射峰就越尖锐,反射就越宽化,因此可用衍射峰的半高宽度定量表示热解碳的织构,称其为定向角。定向角、消光角和热解碳密度之间的关系见表 13 - 1。

表 13 - 1　各种热解碳的性能特点

热解碳的微观结构	消光角 A_e/(°)	定向角 A_o/(°)	密度/(g·cm^{-3})	石墨化特性
高织构(光学粗糙层)	>18	<50	>2.1	易
中等织构(光学光滑层)	13~18	50~80	1.95~2.1	较易
低织构(光学暗淡层)	0~12	80~180	1.7~1.95	较难
各向同性(光学各向同性)	(<4)	180	<1.70	难

　　碳材料的微观结构呈现出复杂的多样性,一般称之为乱层石墨结构。碳原子平面内存在空隙、位错、异质原子等各种缺陷,且形成的网平面发生扭曲、变形,网平面法线与 C 轴成一定角度,择优取向性差,网平面之间的间距较大,一般为 0.335 4~0.344 0nm。乱层石墨结构碳模型如图 13 - 17 所示。碳材料的结构特征为:碳材料由许多大小不同的石墨烯平面(平面大小用 L_a 表征)组成;数目不等的芳香碳平面大致相互平行和等间距地堆积在一起,构成碳材料的微观结构组织(堆垛高度用 L_c 表示);每个微观结构组织内部的芳香碳平面取向随机,以一定的倾斜和折叠角度相互联结,大小不同的结构组织在空间中以不同的程度定向,构成碳材料中碳原子排列的长程序,或者称为织态结构。

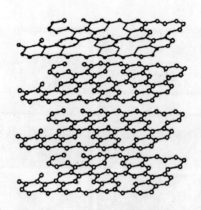

图 13-17　乱层石墨结构碳模型

热解碳的不同织态结构的产生与沉积时的工艺参数有关,改变工艺条件可获得不同的组织结构,性能也随之改变。如随沉积温度的改变得到的热解碳组织不同、密度各异。在相对较低的沉积温度形成高密度平滑层组织;高密度粗糙层结构在较高温度下形成;低密度的各向同性结构在中温度形成,这可从这些结构的形成过程得以解释。热解碳的密度由气相中生长小滴的物理状态决定,低温时,光滑层经由气相中有一定黏度的液相形成,重排容易,但一般在液相中短程有序而非长程有序,所以晶体尺寸小($L_c \approx L_a \approx 30\text{Å}$),其高密度是因为液晶分子平行于生长表面,晶体间很少微孔。介中温度对于高程度脱氢是足够的,气相中近乎固相小滴的高黏度及晶体的高形成速率,使得平面状碳分子的重排困难,大部分晶体将近乎平行生长表面排列起来,微晶边缘脱氢使相邻晶体连接起来,但不能很好地定向,因此形成各向同性结构,晶体尺寸小($L_c \approx 30\text{Å}$),密度低。高温下,表面活性高,小的碳片能作为结构单元移至表面,发生固相重排,脱氢又使邻近晶体彼此相连,晶体生长,从而形成粗糙层层状结构,由于这些重排和生长,在略微有位错的晶体间几乎没有微孔,所以晶体尺寸大,密度高。

晶体成核-生长过程的能量变化及预成型体、外部因素的影响使 CVD 炉中温度场变化,从而不可能只是单一的沉积碳形态,往往多种结构并存。各种结构的热解碳性能各异,其中各向同性碳硬度高,但密度偏低,导致相应的性能不高;粗糙层组织具有良好的抗震性和力学性能;光滑层组织具有较高的拉伸强度、拉伸模量和低的热膨胀系数,容易产生热应力和微裂纹。不同结构热解碳的适当组合可以产生良好的协同效应,如粗糙层/各向同性碳结构具有优良的强度和模量,粗糙层和光滑层的组合则具有良好的断裂韧性。如果能合理控制工艺参数使得密度高、综合性能较好的粗糙层组织比例较高,则材料的性能将会更好。

基体碳与碳纤维的界面结合状态对材料性能也存在重要影响,当热解碳作为基体碳与碳纤维之间的界面相时,纤维表面的孔洞和缺陷得以填充,生成所谓的"钉扎"结构,获得良好结合。如采用甲烷作为反应气体,在 1 000℃左右热解得到的热解碳与碳纤维表面结合较好,其结构主要是各向异性的粗糙层组织,而且分为内、外两层。在靠近碳纤维的内层为各向同性热解碳,外层为层片状组织。

2.液相浸渍致密

基于热固性树脂或热塑性沥青热裂解的致密方法统称为液相浸渍致密。其典型过程包括:将坯体置于真空浸渍罐内进行含碳液体浸渍剂的真空浸渍;然后再在一定压力下进行加压浸渍,使浸渍剂充分渗透坯体内部的孔洞;通过裂解作用,使含碳化合物生成固态碳和各种各样易挥发的化合物产物。为了使 C/C 复合材料达到预定的密度要求,通常需要进行多次真空浸渍—加压浸渍—碳化循环的重复操作。必要时,可对致密后的 C/C 毛坯进行高温处理。

（1）浸渍剂

含碳有机化合物是制造碳材料的主要原材料。通过高温下的裂解作用,这些含碳有机化合物生成固态碳以及各种各样的易挥发副产物。当产生的固态碳的量多于挥发副产物的量时,制品才会有高的密度和力学强度。同时,裂解作用必须直接朝着形成碳和自由的易挥发的小分子产物（如水、HCl 和 H_2S）的方向进行,而不是朝生成稳定的易挥发的碳氧化合物（如 CO_2）、碳氟化合物和碳硫化合物的方向进行。而且,碳制品的微观结构受热解过程中热传递现象以及挥发产物溢出的影响。因此,制备 C/C 复合材料选择液态浸渍剂,原则上要考虑以下四方面:

1）成碳率高。成碳率高的浸渍剂可以提高制备 C/C 复合材料的效率,减少浸渍次数。

2）黏度适当。为使浸渍剂容易浸渍到纤维或预制体孔隙内,要求浸渍剂黏度适当。

3）裂解后孔隙结构好。要求浸渍剂裂解后形成张开型的裂缝或孔隙,以利于多次浸渍,形成致密的 C/C 复合材料。

4）微观结构好。浸渍剂微观结构好有利于 C/C 复合材料的性能。

C/C 复合材料液相浸渍致密的典型浸渍剂包括热固性树脂和热塑性沥青两大类。也有将沥青与树脂混合作为浸渍剂的;或者将碳粉/石墨粉添加到树脂中,从而解决基材孔隙率大、浸渍剂倒流、难于复合等问题的。

对于 C/C 复合材料树脂浸渍法用热固性树脂,一般要求其在室温时、液体状态下有适当的黏度;加热至 200℃左右时,能够形成高交联的不熔融固体。作为碳材料的先驱体,热固性树脂在骨架结构中应拥有芳烃的环状结构,或者在热解过程前期能形成环状结构以达到高的残碳率。常用的热固性树脂主要包括呋喃树脂、酚醛树脂等。

浸渍剂沥青可以是煤焦油沥青或者是石油沥青,要求其应具有高的成碳率,在一定温度（浸渍温度）和压力下具有好的流动性,即低的黏度。表 13 - 2 列出了 6 种浸渍剂沥青的基本特性。

表 13 - 2　几种常用浸渍剂沥青基本性能

沥　青	软化点 ℃	黏度（250℃） Pa·s	成碳率 %	密度 g·cm^{-3}	含硫量 %	灰分 %	备　注
太钢改质	105	0.12	60	1.29	0.34	0.10	中国
北焦中温	92	0.09	53	1.26	0.50	0.03	中国
A240	120					0.17	美国
15V	88	0.07(220℃)				0.02	美国
Aerocarb	126	0.1(377℃)	75	1.26	2	≤0.1	美国
日本 IP - 90	86	0.09(160℃)	51	1.255		0.05	日本

（2）树脂浸渍法

树脂浸渍法的典型过程是在真空下用树脂浸没预制体,再充氮气加压使树脂浸透预制体。浸渍温度根据树脂种类一般控制为 50℃左右,以使其黏度降低。浸渍压力一般为 2 MPa 左右,以保证织物孔隙被浸透。浸渍后在加压情况下固化,以抑制树脂从织物中反渗出来。固化后的制品在碳化炉中,氮气或氩气保护下继续升温至 600℃以上使树脂裂解成碳。

热固性树脂碳化得到玻璃状的难石墨化的各向同性碳。纤维可阻止基体前驱体的轴向收缩,引起基体内产生抗拉内应力而发生应力石墨化。因此,在 C/C 复合材料中,由于碳纤维周围的收缩应力树脂碳会发生一定程度的石墨化。

由于树脂热解过程中,释放出大量低分子气体,所以伴随显著的体积收缩。在热解过程中,大的收缩率对 C/C 复合材料的微观结构和性能影响很大,因为收缩率大会在纤维/基体界面产生应力并导致基体裂纹和纤维损伤。因此,高残碳率新树脂体系和控制裂解过程是树脂浸渍法的发展方向。也有研究表明,树脂浸渍碳化时添加石墨粉可减少基体内部的热裂纹数量,提高复合材料的强度、刚度和破坏应变。

（3）沥青浸渍法

沥青浸渍法的典型过程是:将沥青加热熔融,在真空下用熔融沥青浸没预制体;充入氮气加压使沥青浸透预制体;最后在氮气或氩气保护下升温使沥青裂解成碳。浸渍温度的选择以使沥青具有低且稳定的黏度为原则。

沥青是一种多环芳烃碳氢混合物,在 300～500℃可以经历以下碳化过程:

1）低分子量物质挥发汽化、脱氢、缩合、裂解和分子结构重排,形成平面型芳环分子。

2）各向同性的液态沥青在 400℃以上可形成中间相。

3）中间相畸变、聚结并固化成层状排列的分子结构。这种分子结构加热至 2 000～2 500℃高温时,有利于形成各向异性的石墨化结构。

常压碳化时,沥青在 370℃的温度下就开始发生分解(与沥青种类有关);随着温度进一步升高至 550℃时形成半焦,并发生明显的失重,残碳值约为 50%。而在加压条件下,沥青在 450℃时才开始发生分解,但超过 450℃,失重现象便基本停止,残碳值提高,且不受升温速率的影响。这便是压力浸渍碳化(PIC)工艺。在较高的碳化压力(50～100MPa)下,沥青裂解的成碳率可高达 90%,这即是高压碳化工艺,又称为热等静压(HIP)工艺,其工艺规范如图 13-18 所示。

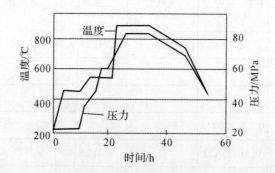

图 13-18　高压浸渍碳化(HIP)工艺中的温度-压力规范

沥青高压浸渍碳化致密工艺的过程是:①将经高温预处理和预硬化处理的预制体,置于不锈钢包套内。在真空条件下,按照工艺要求注入熔融(270℃左右)的沥青,随后加盖焊接、并通过抽气口对组焊好的包套抽真空并封口焊接。②将封焊后的包套组件置于热等静压机的高压缸体内,按预定的温度和压力曲线升温并充压。在温度和压力的联合作用下,其内部的熔融沥青最大限度地渗入预制体内填充孔隙。③进一步加温加压,沥青发生热解,其中低分子有机物受抑制并参与成碳反应,使沥青碳化并获得最大的残碳值,从而最大程度致密预制体。④从包套内取出完成致密后的 C/C 复合材料,并进行清理,再进行石墨化处理,即完成了一个高压碳化周期。

高压碳化工艺的特点如下:

1)适用于以沥青和部分热塑性树脂为前驱体的液相致密。通过提高碳化压力可以使沥青获得更高的致密效率和更高的残碳值,因而是制备高密度 C/C 复合材料的重要致密途径。

2)适用于具有微、细孔隙的碳纤维预制体或 C/C 坯体的深度渗透致密。

3)可以获得高性能和良好微观结构的 C/C 复合材料制品。

4)工艺周期短、效率高。

5)对设备系统的要求高,维护和操作复杂,设备投资高和风险大。

虽然高压浸渍碳化可大幅度提高致密效率,但对于要求高密度(如密度大于 1.85 g/cm³)的 C/C 复合材料,还需要进行适当次数的重复致密化操作。而且,在工艺过程中,为提高致密化效率,在完成一次高压碳化后会进行高温石墨化处理。高温石墨化处理不仅可增加致密后坯体内的微裂纹,使坯体内封闭的孔洞打开以利进一步渗透和浸渍,还可提高制品的石墨化度。

热等静压机是实施沥青高压碳化的先进设备。它是一种在密闭容器内以氮气(或氩气)气体为传压介质,在高温和高压的共同作用下,对制件进行高压致密烧结处理的设备。该技术现已广泛用于石油、冶金、航空航天等高新技术领域里的超硬合金、宇航合金、钛合金、特种陶瓷、C/C 复合材料的研制与生产。

13.2.3　高温石墨化处理

石墨化是指在常压和 2 273 K 以上高温下,由热力学上不稳定的二维乱层无定形碳受热活化作用转化为三维有序排列的石墨的过程。石墨化前、后的微观结构对比如图 13 - 19 所示。C/C 复合材料本质上仍然是由单一碳元素以不同的相结构复合而成的一种新型碳素材料。无论是作为增强相的碳纤维,还是作为基体相的热解碳、树脂碳或沥青碳,在其未石墨化处理之前,都属于具有过渡形态的乱层堆垛的碳素结构。从晶体学和热力学理论来看,这种过渡形态的二维乱层堆垛的无定形碳结构处于热力学上的不稳定状态。高温石墨化处理的目的有:将碳制品变成石墨制品,以实现碳素材料的相结构从过渡相向石墨结构相的转变;排除材料内部的杂质,提高纯度;提高并稳定材料的性能;改善和提高致密效率及材料的可机加性。对 C/C 喉衬而言,还希望通过石墨化处理,提高材料的抗热震性和耐烧蚀能力。

石墨化处理的另一作用是打开材料中的闭孔,提高后续处理的致密化效率。此作用的效果可用石墨化处理前后制品密度的变化程度来表征。一般来说,制品经过石墨化处理后质量有所降低,尺寸的变化没有一定的规律性,但总体表现出密度的下降。在致密化后期也存在因尺寸变小,抵消质量变化对密度的影响,从而表现出处理前后密度无变化的现象。

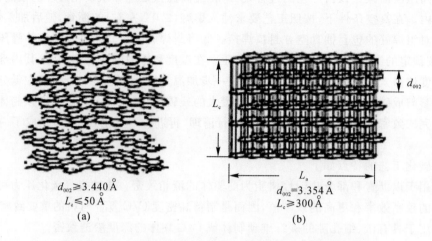

$$d_{002} \geqslant 3.440 \overset{\circ}{A}$$
$$L_c \leqslant 50 \overset{\circ}{A}$$
(a)

$$d_{002} = 3.354 \overset{\circ}{A}$$
$$L_c \geqslant 300 \overset{\circ}{A}$$
(b)

图 13-19　二维乱层无定形碳和三维有序排列石墨的对比

　　由于 C/C 复合材料由碳纤维和基体碳组成,碳纤维具有不同的类型,而基体碳又包括不同微观结构的热解碳、树脂碳、沥青碳等,所以 C/C 复合材料的石墨化机理不同于单一材料的石墨化机理。通常认为较高织构的热解碳(CVD 碳)和沥青碳是易石墨化碳,而树脂碳(包括树脂基体碳、PAN 基碳纤维、黏胶基碳纤维)属难石墨化碳。碳纤维的表面为鞘状结构,其纵向为呈轴向取向的交联网状结构,而它的芯部为无规取向结构。无论是表层还是芯部都难以在高温下形成三向有序结构。表层由于沿轴向取向有序性较芯部高,所以它的石墨化相对芯部而言要容易些。有研究证明,在高温应力状态下,表层可能石墨化。树脂碳是一种典型的难石墨化碳,它的结构是无序的乱层结构和无序交联的带状结构。这种结构即使在 3 000℃ 下也难以形成三维有序结构,很难石墨化。

　　衡量石墨化效果的基本参数是石墨化度。石墨化度就是石墨晶体结构的完善程度,即碳原子排列的规整程度。目前测定石墨化度是用 X 射线粉末衍射方法。在碳素材料科学上,把具有理想石墨晶体结构的(002)碳原子层平面的层间距定为 3.354Å。当碳素材料的结构呈完全无序排列时,X 射线衍射分析表明,其 d_{002} 晶格常数的数值为 3.440Å。目前发动机生产的制品要求在末次石墨化后从制品内外表面分别锉取约 10 g 粉末,进行石墨化度测试。按 X 射线衍射图计算出来的 d_{002} 间距是样品的平均值,该数值与理想石墨晶体结构的层间距及完全未石墨化碳的层间距之间的比例关系即为该产品的石墨化度,计算公式为

$$G = [(0.344\ 0 - d_{002样品})/(0.344\ 0 - 0.335\ 4)] \times 100\%$$

　　决定石墨化度高低的工艺因素主要是最终处理温度及维持时间,最终处理温度对其影响如图 13-20 所示。碳素体系的石墨化是由无定形碳向三维有序排列的转变,这种有序排列需要活化能。随着石墨三维排列完善程度的提高,即材料的石墨化程度的提高,所需的活化能增大。体系活化能的获得有两个途径:一是通过外部加热的方式,使体系受热而获得从外部导入体系的热能;二是在进行各种反应的过程中体系自身放出潜热,这种被释放的能量可以直接传递给碳原子或碳分子。上述所得的热量或热能都可以转化为活化能成为驱动体系无定形结构产生有序排列或进一步提高有序性的动力。在宏观上,这种有序化转变过程体现为整个体系温度的升高。在石墨化温度不断升高的情形下,无定形的碳素结构完成向石墨结构的转变。

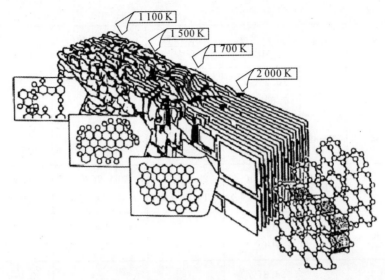

图 13-20　二维乱层无定形碳受热转化为三维有序排列石墨的示意图

13.3　C/C 复合材料的性能及其在固体火箭发动机上的应用

由于碳纤维强化使碳材料的许多特性得到加强,再加上其特殊的碳原子结构,使得 C/C 复合材料在无氧环境下具有优异的热稳定性,这一点与石墨相似,但其在强度、模量、刚度和耐磨性方面要比石墨高很多。C/C 复合材料的高温力学性能极佳,在 2 000℃ 以内的惰性气氛中,随温度升高,其强度还有所提高,这一特性是其他材料如金属材料、树脂基复合材料、金属基复合材料、陶瓷材料等所不具有的。

表 13-3 列出了典型 C/C 复合材料与传统高温材料的性能参数,可以看出,所有 C/C 复合材料的强度都比发动机曾使用过的石墨材料强度高。纤维的增强作用使 C/C 复合材料在破坏模式上出现了"假塑性",从而获得更好的抗热震性能,特别适合于固体火箭发动机喷管喉衬和扩张段构件使用,见表 13-4、表 1-2。与传统的宇航级碳-石墨材料相比,C/C 复合材料具有更高的强度和更好的抗冲刷和抗烧蚀性能,尤其是其优异的抗热震性能和整体性能,以及容易制成多种形状和多种尺寸构件的工艺能力,克服了碳(石墨)材料固有的缺点,因而取代了上述材料成为高性能喷管热结构的首选材料。

表 13-3　C/C 与固体火箭发动机传统高温材料的性能比较

材料类型	密度 g·cm^{-3}	熔点 ℃	拉伸强度 MPa	拉伸模量 GPa	导热系数 W·(m·K)$^{-1}$	膨胀系数 10^{-6}·K^{-1}	抗热震因子
旋压钨	19.3	3 410	900~1 000	400		4.7	
渗铜钨	16.5~16.9	3 410	450~550	342	203.89	6.7	
ATJ 石墨	1.73	3 800	12.33(∥) 9.78(⊥)	9.99(∥) 7.92(⊥)	117(∥) 88(⊥)	2.19(∥) 3.42(⊥)	270

固体火箭发动机复合材料与工艺

续表

材料类型	密度 g·cm⁻³	熔点 ℃	拉伸强度 MPa	拉伸模量 GPa	导热系数 W·(m·K)⁻¹	膨胀系数 10⁻⁶·K⁻¹	抗热震因子
KS-8 石墨	1.74	3 800	10.24(∥) 7.605(⊥)	13.43(∥) 8.04(⊥)	113(∥) 88(⊥)	1.85(∥) 4.10(⊥)	
T704 石墨	1.84	3 800	14.80(∥) 11.86(⊥)	10.68(∥) 8.32(⊥)	96(∥) 59(⊥)	1.70(∥) 3.70(⊥)	
热解石墨	2.10~2.20	3 800	100~200(∥) 5.0~10(⊥)	28.1(∥) 11.2(⊥)	364.2(∥) 2.07(⊥)	1.33(∥) 20(⊥)	
4D C/C	1.90	3 800	115(∥) 70(⊥)		50~150(∥) 50~150(⊥)	1.0~2.0(∥) 1.0-2.0(⊥)	831
2D C/C	1.35	3 800	34.3(∥) 66.6(⊥)	17		3.0(∥) 4.2(⊥)	831
3D C/C	1.87~1.92	3 800	75.3(⊥) 49.7(∥)		82.76(∥)	0.157(∥)	831

注：表中，(∥)表示与晶粒(或轴向)平行的方向，(⊥)则表示与晶粒(或轴向)垂直的方向。

表 13-4 C/C 喉衬的烧蚀性能

发动机型号		喉衬类型		工作条件		试验结果	
		类型	密度 g·cm⁻³	燃烧室压强 MPa	工作时间 s	初始喉径 mm	喉部烧蚀率 mm·s⁻¹
STAR 30C	Q-1A	3D C/C	1.87~1.90	3.59	51.7	73.38	0.095
	Q-2			3.35	47.4	73.41	0.067
STAR 30E	Q-1	3D C/C	1.87~1.90	3.78	52.2	76.23	0.099
	Q-2			3.51	54.7	76.25	0.081
IUS HIPPO	1#	3D	1.90	4.11	135.6		0.034
	2#	3D		4.24	135.0		0.030
	全尺寸	3D		3.79	150.7	173.0	0.045
IUS SRM-1		3D C/C	1.90				0.051
德尔它Ⅱ	DM-1	3D C/C	1.88~1.95	5.23			0.099
7925 型	DE-2			5.64			0.109
助推器	DM-3			5.41			0.112
MX	DM-1	3D C/C	1.88~1.92	6.85	75.3	342.9	0.189
	DM-2			9.64		381	0.304

— 100 —

13.4　存在的问题及研究方向

C/C 复合材料经过了 40 余年的发展历程,现已基本自成体系,无论是原材料、预制件的成型,还是复合致密以及工程应用等方面,国内外都已形成规模。作为一种高新材料,随着 C/C 复合材料应用领域的扩展和应用条件的提高,要求 C/C 复合材料向高性能、低成本、多功能方面发展,并形成了以下五个重点研究方向。

(1)高性能 C/C 复合材料技术

随着人类探索太空事业的发展,战略、战术武器更高效率和精度的要求,对 C/C 复合材料提出更苛刻的要求。C/C 复合材料性能上的两大弱点,即抗氧化性能差和脆性大(断裂韧性低)影响着材料的应用。此外,采用新型高能推进剂的高性能固体火箭发动机的研制,对喷管喉衬材料也提出了更高的抗烧蚀性要求。因此,需强化提高 C/C 复合材料性能方面的研究工作,使 C/C 复合材料具有更高的抗氧化、抗冲击、抗烧蚀性能。

(2)C/C 复合材料低成本化

造价昂贵严重阻碍 C/C 复合材料的应用和发展。冗长复杂的复合致密工艺是导致 C/C 复合材料成本高的主要原因,因此,在保证材料性能前提下的短周期、低成本复合工艺是实现 C/C 复合材料低成本化的一条有效途径。欧洲、日本和美国的研究人员已开发出一些新工艺,使原来长达数月的复合时间缩短到数天。如由美国 Textron 公司和 GTRI 公司分别研究出的液相浸渍法和强迫流动热梯度化学气相沉积法,既能使 C/C 复合材料性能得以提高,又能大幅度减少工艺时间,从而显著降低成本。目前,C/C 复合材料低成本技术的研究工作主要集中在廉价、有效的原材料和快速可靠、工程化程度高的工艺技术方面,这类研究也将是未来研究工作的重点之一。

(3)C/C 复合材料界面结构、性能及其控制

界面是复合材料的重要组成部分,它对材料各种宏观和细微观性能具有至关重要的影响。目前,关于 C/C 复合材料界面的研究很零散,没有形成较为统一的认识,理论还远远满足不了实际需要,尤其是工艺条件对复杂界面状态的影响和控制等与实际应用紧密相关的研究都很不充分。加强这方面的研究对于促进 C/C 复合材料技术的发展、提高我国 C/C 复合材料的研究水平非常必要。

(4)C/C 复合材料结构及工艺过程控制

增强体结构与基体碳种类的多样性、致密化过程的长时间性,使得 C/C 复合材料相对于其他复合材料具有更强的结构和工艺可设计性。根据使用条件,选择合理的材料结构与工艺途径、进行可靠的智能化工艺控制过程、最终对产品性能进行科学的检测和评估,是一项艰巨的工作,需要深厚的技术基础支持和大量的数据积累。

(5)C/C 复合材料的工程化研制能力

目前 C/C 复合材料在喷管喉衬上的工程化研制与应用成果显著,在我国众多固体火箭发动机上得到广泛应用。但与国外相比还存在一些问题,其中最为突出的就是大型 C/C 喉衬复合材料的工程化能力有待提高。图 13 - 21 是欧洲 Ariane 5 固体助推发动机的 C/C 喉衬,其内径为900 mm,外径为 1 300 mm,质量为 250 kg。与 C/C 复合材料在喷管喉衬的工程化应用相比,C/C 复合材料在喷管扩张段上的工程化应用仍处于起步研究阶段。亟待解决的问题主要是大型薄壁

C/C扩张段的预制体成型技术、基体成型工艺稳定性以及防变形技术。

图 13-21   Ariane 5 固体助推发动机 C/C 喉衬

思 考 题

1. C/C复合材料的特点是什么？

2. 火箭喷管喉衬C/C复合材料的制备工艺过程是什么？

3. C/C复合材料常用的预制体包括什么？

4. C/C复合材料基体致密化常用的方法是什么？

5. 化学气相沉积工艺分为哪几种？低成本喉衬C/C复合材料最有潜力的基体成型工艺是什么？

6. 高温石墨化处理对 C/C 复合材料性能有何影响？

7. 你认为制约 C/C 复合材料的工程化的主要因素是什么？

第 14 章　热结构陶瓷基复合材料

新型发动机的研制和新概念航天运载器的发展,对高温结构材料提出了更高的要求。陶瓷材料具有耐高温、低密度、高比强、高比模、抗氧化和抗烧蚀等优异性能,显示出广泛的应用前景。但由于陶瓷材料存在脆性大和可靠性差等致命弱点,严重影响了其工程化应用。因此,陶瓷材料的增韧研究一直备受重视。早在 1976 年 I. W. Donald 等人就发现,在陶瓷本体中引入第二相材料,会出现裂纹偏转、微裂纹、裂纹桥接或相变等使陶瓷韧化的现象;经过 20 多年的研究,陶瓷增韧经历了粒子相变增韧、晶须补强增韧、短纤维和连续纤维增韧等阶段。粒子、晶须及短纤维的增韧效果不理想,断裂韧性(K_{IC})一般仅在 10 MPa·m$^{\frac{1}{2}}$左右。连续纤维增韧陶瓷基复合材料的研究最引人注目,该技术可以使陶瓷基复合材料具有类似金属的断裂行为,对裂纹不敏感,没有灾难性损毁,不仅可提高陶瓷材料的韧性,而且可不同程度地提高材料的强度和模量。近年来,世界先进技术国家在连续纤维增强陶瓷基复合材料应用研究方面开展了大量工作,已开发出多种耐高温、高强度陶瓷材料用增强纤维,如各种碳化硅纤维、碳纤维和氧化铝纤维,这些纤维已得到应用,同时进行了 SiC,Si_3N_4,Al_2O_3,BN 和 ZrO_2 等多种陶瓷基体的应用研究。其中碳化硅基复合材料(CMC‐SiC)以其高强度、高韧性以及优异的抗氧化性能在宇航领域的高温热结构方面得到广泛应用。因此 CMC‐SiC 被认为是继 C/C 复合材料之后发展的又一新型战略性材料,可大幅度提高现有武器装备性能,推动未来先进武器装备的发展。

14.1　连续纤维增强 C/SiC 复合材料制备

纤维增强高温热结构碳化硅基复合材料的典型制备流程如图 14‐1 所示。

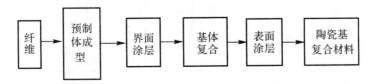

图 14‐1　C/SiC 复合材料典型制备工艺流程图

14.1.1　纤维及预制体成型

(1)纤维

纤维在陶瓷基复合材料中的作用可概括为补强和增韧,具体来说,其作用主要有三个方面:①承担大部分载荷;②防止裂纹的扩展;③断裂时纤维可以从断面拔出而吸收一部分能量,使材料不致发生灾难性破坏。

纤维增强陶瓷基复合材料纤维选材的一般准则是:①为使载荷从基体向纤维传递,应选用高强度高模量的纤维,即 $E_{纤维} > E_{基体}$;②纤维的膨胀系数要与基体相匹配,这样当复合材料烧结成型以后,在冷却过程中纤维处于张应力状态,而基体陶瓷处于压应力状态,达到较好的效果;③纤维应具有高的长度半径比,否则,纤维承载材料断裂应力的能力差,而在断裂面分离时,纤维从基体中拔出。从这个意义上讲,连续纤维的补强增韧效果最好;为有效地阻止裂纹扩展,纤维的断裂韧性应大于基体断裂韧性;纤维应具有抗蠕变性与化学稳定性;纤维与基体在复合材料成型条件下不应发生使纤维性能降低的有害反应。

有机纤维在 500℃ 以下就会发生退化,不能用于陶瓷基复合材料。同样,软化点低于 700℃ 的玻璃纤维也不能用于陶瓷基复合材料。因此,虽然用于增强陶瓷基复合材料的纤维种类较多,但能够真正实用的纤维种类只有碳纤维、碳化硅纤维、氧化铝纤维和氮化硅系列纤维(见表 14 - 1),其中碳纤维和碳化硅纤维的应用最广泛。

表 14 - 1　陶瓷纤维的性能

纤　维	组　成	密度 g·cm^{-3}	单丝直径 μm	拉伸强度 MPa	拉伸模量 GPa	膨胀系数 10^{-6}·K^{-1}	使用温度 ℃
Al$_2$O$_3$ 系列							
Fiber FP	99%Al$_2$O$_3$	3.92	20	1 380	380	9	1 316
PRD - 166	Al$_2$O$_3$＋20%ZrO$_2$	4.2	20	2 100	380	9	1 400
Nextel 312	64Al$_2$O$_3$ 24SiO$_2$ 14B$_2$O$_3$	2.7～2.9	10～12	1 700	154		1 204
Nextel440	70Al$_2$O$_3$ 28 SiO$_2$ 2B$_2$O$_3$	3.05	10～12	2 000	190	4.99	1 426
Nextel480		3.05	10～12	1 900	220	4.99	
SiC 系列							
SCS - 6	59Si31C 10O	3.0	143	3 920	391		1 300
Nicalon NL - 200	56.6Si31.7C 11.7O	2.55	10	2 520～3 290	182～210	3.1	1 204
Hi - Nicalon	62.4Si37.1C 0.5O	2.74	14	2 800	270		
Hi - Nicalon S 型	68.9Si30.9C 0.2O	3.10	14	2 600	420		
Tyranno	45Si25.4C 23.4O 3Ti	2.5	8～10	2 740	206	3.1	1 300
SiN 系列							
HPZ	59Si 28N10C 3O	2.35	8～15	2 100～2 450	150		
MPS	69Si30C 1O	2.65	10～15	1 050～1 400	190		
MPDZ	47Si30C 15N 8O	2.3	10～15	1 750～2 100	180		

1)碳纤维。碳纤维是目前开发的最成熟、性能最好的纤维之一,已被广泛用作复合材料的增强材料。碳纤维的高温性能非常好,在惰性气氛中,2 000℃ 温度范围内其强度基本不下降,是目前增强纤维中性能最好的一类纤维。然而高温抗氧化性能差是碳纤维最大的弱点。空气中,温度高于 450℃ 时,碳纤维即出现明显的氧化失重和强度下降。

2)碳化硅纤维。碳化硅纤维主要有两类。一类是通过化学气相沉积法制备的 CVD - SiC 纤维(如 SCS - 6 SiC 纤维)。这种纤维由于直径太大(大于 100 μm),不适合用于制备形状复杂的陶瓷基复合材料构件,且价格昂贵。另一类是通过机聚合物先驱体转化法制备的 Nicalon 系列 SiC 纤维。这类纤维中不同程度地含有氧和游离碳杂质,从而影响纤维的高温性能。通用型 Nicalon SiC 纤维使用温度为 1 200℃,Hi - Nicalon SiC 纤维使用温度为 1 400℃。

3)氧化铝纤维(包括莫来石)。这类纤维的高温抗氧化性能优良,但作为陶瓷基复合材料的增强材料主要存在两个问题:一是高温下晶体相变、晶粒粗化以及玻璃相的转变导致纤维高温强度下降;二是高温成型和使用过程中,氧化物纤维易与陶瓷基体形成强结合的界面,导致基体的脆性破坏,丧失纤维的补强增韧作用。

4)氮化硅系列纤维。它们实际上是由 Si、N、C 和 O 等组成的复相陶瓷纤维,现已有商品出售。这类纤维也是通过有机聚合物先驱体转化法制备的,目前也存在着与先驱体碳化硅纤维同样的问题,因而其性能与先驱体碳化硅纤维相近。

(2)预制体成型

纤维预制体的结构对复合材料的性能影响很大,最早使用的纤维预制体为单向铺层、碳布叠层、纤维缠绕等一维和二维结构。当纤维的取向和受力方向不一致时,一维预制体中的纤维几乎起不到增强作用。二维结构预制体在构件的厚度方向缺乏有效的增强。与一维和二维结构预制体相比,三维编织碳纤维预制体从根本上解决了复合材料构件的分层失效问题,具有以下优点:① 不分层;② 预制体是一个整体网状结构,纱线或纤维在空间中相互交织,共同承担载荷;③ 可直接编织任意形状(如圆锥形、圆管形、圆柱形、工字形等)构件的预制体,不需要机加或只需少量机加,纤维损伤小,不但能大幅度提高复合材料的强度和刚度,而且具有良好的抗损伤和抗冲击性。三维编织通常采用四步法,其编织单位精细,但周期长、成本高,难以工程化应用。

Novoltex 针刺准三维预制体制备周期短、成本低,适合工程化应用,采用 Novoltex 预制体制备的 C/SiC 和 SiC/SiC 陶瓷基复合材料已产业化,商品名分别为 SEPCARBINOXR(C/SiC)和 CERASEPR (SiC/SiC)。2001 年 SEP 公司对 Novoltex 技术进行了改进,采用碳纤维复合网胎代替预氧丝网胎,开发出 NAXECO 预制体,克服了 Novoltex 织物在基体复合过程中存在的工序复杂、高温收缩和变形大、要求毛坯厚度余量大、基体沉积工艺周期长等缺点,复合材料的抗剥蚀/烧蚀性能提高。NAXECO 预制体与 Novoltex 织物性能对比见表 14-2。

表 14-2　NAXECO 工艺与 Novoltex 工艺对比

项　目	NAXECO	Novoltex
工艺过程	简单,无需碳化	CVD 致密前需要碳化
碳纤维强度	高	无牵伸碳化得到碳纤维强度低
预制体纤维体积分数	高,可达33%以上	低,约20%
预制体厚度余量	少	很大,以防止碳化收缩和变形
复合材料力学性能	高	低
抗烧蚀性能	好	较差

14.1.2　界面涂层

连续纤维增强陶瓷基复合材料中纤维/基体界面与复合材料韧性的关系以及增韧的机理目前已得到普遍认同,即通过中间相界面涂层减弱纤维/基体界面结合强度,以利于纤维/基体脱黏、纤维拔出和滑移,提高复合材料的韧性。对于连续纤维增韧三维陶瓷基复合材料,由于只有与裂纹垂直方向的纤维才能起到阻止裂纹扩展、增韧作用,所以在三维编织纤维预制体设计时,尽量将纤维置于受力主方向,提高复合材料在主受力方向上的韧性。界面涂层必须和纤维/基体化学相容,即纤维/涂层/基体能共存,无界面化学反应,整个体系的化学成分是热力学稳定的,或者在成型和使用过程中不发生降低强度和韧性的界面化学反应。可作为碳化硅基陶瓷基复合材料中间相界面涂层的材料有热解碳、氮化硼、碳化硼、氧化铝、碳化硅等,最常用的涂层是热解碳和氮化硼。由于热解碳的抗氧化性能较差,是复合材料中的抗氧化薄弱环节,从而使 $C_{纤维}/C_{涂层}/SiC_{基体}$ 材料的氧化最先从界面涂层开始,引起材料性能严重下降。因此,氮化硼作为一种抗氧化中间相界面涂层而越来越受到人们的重视。界面涂层方法有化学气相沉积法、化学气相渗透法、聚合物浸渍裂解法、溶胶-凝胶法,其中化学气相渗透因具有涂层均匀、可在基体致密化前原位进行等优点而被普遍采用。

有关上述弱界面增韧陶瓷基复合材料的研究很多,但 C. Droilard 等人指出弱界面并不是陶瓷基复合材料增韧的必要条件,因为如果高韧性是建立在弱界面的基础上,而高强度来源于强的界面结合,那么高强度和高韧性不匹配,即不能同时得到高的强度和韧性,这与他们在研究 C 和 SiC 多层中间相界面涂层对 2D SiC/SiC(CVI)韧性影响时得到的结果不相符。他们研究发现,相比于未经表面处理直接涂层的"弱界面"复合材料,在涂层前经过表面处理的"强界面"复合材料,不仅剪切强度大幅度提高,而且断裂韧性也大幅度提高。C. Droilard 等人在电镜分析的基础上提出了多重裂纹理论,认为在涂层前进行表面处理的强界面复合材料中,基体裂纹只能在中间相涂层内扩展,而且呈现多重裂纹和裂纹枝化现象,饱和裂纹间距 L_s 较小($20\sim 30\ \mu m$),如图 14-2 所示;材料断裂后纤维拔出长度较短,宏观表现为高的剪切强度($40\ MPa<\tau<70\ MPa$)和高的断裂韧性。而在涂层前未进行表面处理的弱界面复合材料中,基体裂纹很容易在中间相涂层和纤维的界面扩展,由于界面结合较弱,裂纹很快沿界面扩展,呈现单一长裂纹现象,饱和裂纹间距 L_s 较大(大于 $110\ \mu m$),复合材料剪切强度较低($2\ MPa<\tau<9\ MPa$)。

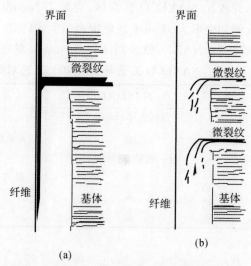

图 14-2 SiC/SiC 复合材料界面裂纹示意图
(a)未经处理纤维; (b)经处理纤维

14.1.3 基体复合致密化

1.陶瓷基体的选择

陶瓷基体大致分为三类:玻璃及玻璃基陶瓷、氧化物基体和非氧化物基体,部分陶瓷基体的性能见表 14-3。下面对各类陶瓷基体进行简要介绍。

表 14-3　部分陶瓷基体的性能

性　能	SiC	Si_3N_4	Al_2O_3
密度/$(g \cdot cm^{-3})$	3.20	3.20	2.55
熔点/℃	2 520	2 010	2 050
断裂韧性/$(MPa \cdot m^{1/2})$	3～5	2～7	3～4.7
拉伸强度/MPa	200～440	300～700	200～300
弹性模量/GPa	250	340	125～154
热导率/$(W \cdot (m \cdot K)^{-1})$	50～300	8～25	17～37
热膨胀系数/$(10^{-6} \cdot K^{-1})$	4.7	3.5	7.2～7.6

第一类:玻璃及玻璃基陶瓷。由于玻璃基复合材料可以在较低温度下制备,所以增强纤维不会受到热损伤而具有较高的强度保持率;同时在制备过程中,玻璃相易沿纤维流动,因而可以制得高密度复合材料。目前,所用的基体材料主要有钙铝硅酸盐玻璃、锂铝硅酸盐玻璃、镁铝硅酸盐玻璃、硼硅酸盐及石英玻璃。由于玻璃本身耐高温性能较差,因此,纤维增强玻璃基复合材料不适合作高温结构材料。

第二类:氧化物基体。限于制备工艺上的困难,早期连续纤维增强陶瓷基复合材料(CFRCMC)的氧化物基体主要是氧化铝基。近年来,又相继开发出了钇铝石榴石、ZrO_2-TiO_2基、ZrO_2-Al_2O_3基等的 CFRCMC。由于现有氧化物性能欠佳,因此制备氧化物陶瓷基复合材料一般选用 Nicalon 或 Hi-Nicalon 纤维。然而这种纤维在高温环境下易发生热退化和化学退化,另外,它们在高温下容易与氧化物基体发生反应,因此无论是从制备工艺还是从应用范围来说,纤维增强氧化物陶瓷基复合材料的应用都受到很大限制。毫无疑问,高性能陶瓷纤维的技术发展是氧化物 CFRCMC 发展的关键。

第三类:非氧化物基体。与其他无机非金属材料相比,非氧化物陶瓷有更高的强度、硬度、耐磨和耐高温性能等,特别是有着更高的高温强度,因此它们一直是陶瓷基复合材料研究的重点,也是研究的较为成功的陶瓷基复合材料基体。其中,SiC 基复合材料是研究最早,也是应用最为成功的一类非氧化物陶瓷基复合材料。

纤维增强陶瓷基复合材料基体复合技术主要有反应烧结、化学气相渗透法(CVI)、聚合物浸渍裂解(PIP)、溶胶-凝胶法(Sol-Gel)等,其中最适合制备 SiC 基复合材料的是化学气相渗透法和聚合物浸渍裂解法。

2.基体复合致密化工艺

(1)热压烧结法(HPS)

热压烧结法是粉末陶瓷传统的成型工艺方法,是将陶瓷粉末和烧结助剂均匀混合,在高温和高压条件下烧结成型的方法。热压烧结法制备 C/SiC 复合材料的过程为:将短切碳纤维与陶瓷粉末、黏合剂和烧结助剂均匀混合,高温高压下烧结成型。其优点是制备的 C/SiC 复合材料致密度较高、缺陷较少。但制备的复合材料韧性差,且不能制备形状复杂的构件。

（2）CVI 工艺

1971 年，法国 Bordeaux 大学 Naslain 教授发明了 CVI 制造连续纤维增韧碳化硅陶瓷基复合材料（简称 CMC-SiC）的新方法并获得专利授权，现已发展成为工程化技术。CVI 工艺原理是将反应气体通过气体扩散渗入到纤维编织多孔预制体中，发生高温反应生成陶瓷基体，如图 14-3 所示。

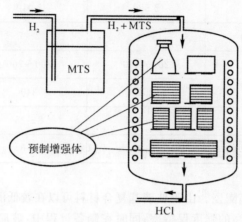

图 14-3   CVI 工艺示意图

沉积 SiC 国内外普遍采用三氯甲基硅烷（CH_3SiCl_3）- H_2 体系，沉积温度 1 000~1 300℃，压力 3~20kPa，发生的反应如下：

$$CH_3SiCl_3 \xrightarrow[3\sim20\ kPa]{1\,000\sim1\,300℃} SiC+3HCl$$

CVI 工艺的优点主要有：所需温度、压力低，对纤维损伤小，复合材料的机械性能优异；SiC 基体纯度高、粒子细，微结构容易控制；基体抗氧化性能优异；适合制备形状复杂部件，而且特别适合工程化。

CVI 工艺的缺点是原材料利用率低、增密速度慢。随着渗透的进行，渗透速度更为缓慢，导致制备周期长（5 个月）、成本高。为缩短 CVI 工艺周期，研究工作者开发了许多快速 CVI 技术。如热梯度 CVI 法、脉冲 CVI 法（PCVI）、连续同步 CVI 法（CSCVI）、自加热 CVD 法等。但这些工艺对部件的形状和尺寸有特殊要求，难以工程化。法国 SEP 公司采用加大装炉量降低 CVI 工艺成本，SEP 的大型 CVI-SiC 炉直径达 2 m，一炉可装上百件小推力室。

（3）PIP 工艺

PIP 工艺的原理是陶瓷先驱体树脂体系通过溶液或熔融方式浸渍到纤维编织多孔预制体中，固化交联后在惰性气氛中高温裂解，转化为陶瓷基体。SiC 的聚合物先驱体有：聚碳硅烷（PCS）、聚乙烯基硅烷（PVS）、聚甲基硅烷（PMS）、聚烯丙羟基碳硅烷（AHPCS）、氢化聚碳硅烷（HPCS）等。影响 PIP 工艺的主要因素有先驱体树脂的性能、浸渍和固化工艺参数、裂解压力和升温速率，其中先驱体树脂的陶瓷转化率和裂解压力是影响 PIP 工艺效率的最为主要的因素。

PIP 工艺的优点主要是浸渍和固化可利用 C/C 复合材料常规成型方法，而且适合于任意复杂形状制品。但由于聚合物先驱体的陶瓷产率仅为 55%～70%，转变过程中要失去小分子，体积收缩，因此需要循环多次才能致密化。PIP 工艺的缺点是制备的复合材料性能比 CVI

工艺制备的低,制备周期长,通常需要 10 个以上"浸渍-裂解"过程,时间在 3 个月以上。

PIP - SiC 通常采用聚碳硅烷(PCS),它是聚硅烷高温裂解聚合的产物,在 PIP 过程中有大量的氢气和甲烷等低分子物质放出。聚碳硅烷分子量及其分布对其性能(如软化点、陶瓷产率等)有较大的影响。PCS 常用的溶剂为二乙烯基苯和二甲苯,裂解过程发生的具体变化如下:

1)RT～200℃:溶剂挥发。

2)200～350℃:低分子量聚合物逸出,失重较大。

3)350～550℃:聚合物发生去氢缩合反应,网络结构的程度上升,形成一种无定形的三维网状结构,聚合物不熔。

4)550～800℃:主链部分的聚合物先驱体向无机物的转化显著,大多数的 Si—H 和 C—H 键断裂,Si 四面体结构及聚合物的 Si—C 骨架依然存在,由侧链基团断裂产生的逸出气体主要为碳氢化合物及甲基硅烷等。

5)800～1 000℃:裂解产物为均一的完全无定形的无机物,其结构可认为是由三种化学物质构成:无定形 SiC,Si—O—C,SiO_2。当温度达 1 000℃时,Si—C 键断裂,Si—O—C 键部分裂解,产生了一些 SiC 晶核,氢及 Si—O 键数量下降,释放出少量的硅烷、CO 等,自由碳的数量缓慢上升。

6)1 000～1 200℃:SiC 晶核数量增加但体积变化不大,SiC 由无定形转化为微晶。

7)1 200～1 600℃:氢最终消失,形成连续 SiC 结晶相,同时 SiO_2 和 Si—O—C 数量下降。在 1 400～1 600℃期间,SiC 微结构出现了晶粒粗化现象,同时无定形 SiO_2(Si—O—C)的数量急剧下降,SiO 和 CO 逸出。

根据对先驱体 PCS 裂解过程的分析可以看出,200～550℃是 PCS 发生化学变化的阶段,其中的有机基团活性较大,与碳纤维的有机化学反应主要发生在此阶段;550～800℃失重较大,主要发生 PCS 的体积收缩,形成基体裂纹;800℃以上发生基体 SiC 晶型的转变,是界面扩散反应对纤维造成化学损伤的主要阶段。PCS 裂解过程如图 14 - 4 所示。

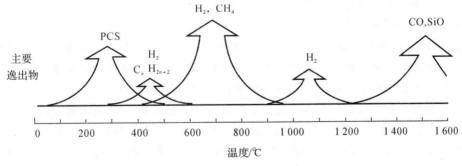

图 14 - 4　PCS 裂解过程示意图

(4)反应熔体浸渗法(RMI)/液相渗硅法(LSI)

反应熔体浸渗法最先由 United Kingdom Atomic Energy Authority 在 20 世纪 50 年代作为黏结 SiC 颗粒使用并发展起来的。20 世纪 70 年代通用电器公司利用 RMI 工艺研究出了一种 Si/SiC 材料;通过将液态 Si 渗入碳纤维预制体中,并与碳纤维反应生成具有纤维特性的 SiC,制得 Si/SiC 复合材料。1980 年德国 Firzer 首先用液硅浸渗 C/C 多孔体制备 C/C - SiC

材料,该工艺称为反应熔渗(RMI)或熔融渗硅(molten/liquid silicon infiltration,MSI/LSI)。工艺流程为:C/C 材料先作 1 000℃真空碳化/2 100℃石墨化处理,然后在 1 450~1 700℃真空条件下,利用液态硅的毛细管作用渗透。

RMI/LSI 法最大的优点是制备周期短、成本低、残余孔隙率低(2%~5%)。其缺点是复合材料中有部分未反应的残留硅,熔融硅与碳纤维反应引起复合材料力学性能和耐温性降低,脆性大。这严重影响了其应用。目前该法主要应用于刹车盘和热交换器等部件。为了消除渗硅法存在的问题,目前通常采用 CVD 工艺在纤维表面沉积 CVD-SiC 涂层作为保护涂层的方法。

(5)化学气相反应法(CVR)

化学气相反应法(CVR)是在液相渗硅技术上发展起来的一种快速制备技术。其原理为:利用快速工艺首先制备出低密度 C/C 复合材料(密度通常小于 1.4g/cm^3);然后,高温下碳基体与 SiO 发生气相反应,生成 SiC,最终得到低成本 C/(C-SiC)复合材料。其中 SiO 气体源自 SiO_2 与 Si 之间的反应:

$$SiO_2 + Si \longrightarrow 2SiO$$

$$SiO + 2C \longrightarrow SiC + CO$$

由于该工艺是建立在可工程化 C/C 快速制备技术基础上的,因而适合任意形状构件,具有潜在的应用前景。但由于 CVR 工艺建立在硅、碳反应基础上,实际工艺过程中又很难将硅、碳反应控制在碳基体与硅之间,所以碳纤维与硅之间的反应难以避免。因此,该工艺得到的复合材料强度低、韧性低,只能用于对强度和韧性要求不太高的部件。

(6)溶胶-凝胶法(Sol-Gel)

溶胶是由至少在一维上具有 1~100 nm 尺度的质点分散在连续介质中形成的。溶胶质点联结在一起形成三维网状结构为凝胶。Sol-Gel 法制备 C/SiC 复合材料的过程为:采用含有陶瓷先驱体的溶胶浸渍碳纤维预制体,高温发生凝胶、裂解转化生成 SiC 陶瓷。溶胶-凝胶的优点是工艺简单,但由于周期长,复合材料强度较低,因此制备 C/SiC 复合材料很少采用。这种方法主要用于制备氧化物陶瓷。

(7)"CVI+PIP"混合工艺

综上所述,目前国外制备高性能连续纤维增强 SiC 基复合材料主要采用 CVI 和 PIP 两种工艺。二者的优势主要是成型温度和压力低,材料性能优异,可制备任意复杂形状大型部件,适合工程化。但这两种工艺都存在致密化周期长、成本较高的缺点。

航天复合材料研究所在多年 SiC 陶瓷复合材料 PIP 技术和 CVI 技术研究的基础上,针对二者致密化特点,开发出一种"CVI+PIP"混合工艺。该工艺充分利用了 CVI 气相反应和 PIP 液相反应前期致密化速率都快的特点,大幅度地缩短了工艺周期(见图 14-5)。由于可制备任意复杂形状尺寸的构件,该工艺易于得到工业化应用,目前已经在液体冲压发动机燃烧室和喷管等热结构部件的制造中得到广泛应用。首先采用 CVI 工艺将预制体小孔隙填充,沉积120 h 复合材料密度可达到 1.65 g/cm^3。然后采用 PIP 工艺来填充材料内部残留的大孔隙,经过 3 次加压浸渍-裂解过程,复合材料的密度就可达到 2.0 g/cm^3。

"CVI+PIP"混合工艺制备的 C/SiC 复合材料金相显微镜分析结果如图 14-6 所示。CVI 基体沿着纤维周围生长,特别适合填充其中的小孔隙;而对于纤维/纤维、纤维束/纤维束之间的孔隙,纤维束编织花结中间的孔隙等大孔隙,CVI 工艺要将其完全填充常常需要很长的时间。但这些大孔隙又特别适合于 PIP 工艺填充、致密。这样最终得到了内外均匀致密的 C/SiC 复合材料。

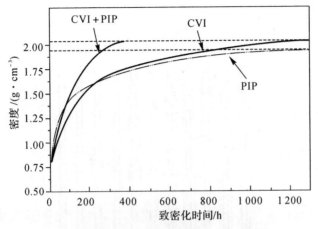

图 14-5　复合材料密度与致密化时间的关系

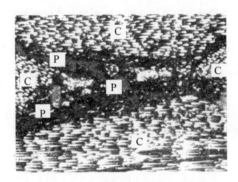

图 14-6　C/SiC 复合材料的金相照片

C—CVI-SiC 基体；　P—PIP-SiC 基体

14.2　连续纤维增强陶瓷基复合材料的破坏特征及增韧机理

连续纤维增韧单向陶瓷基复合材料在断裂时主要由下列几个过程组成(见图 14-7)：基体开裂，基体裂纹逐渐增加，纤维断裂，纤维与基体解离和纤维从基体中拔出等。在材料整个断裂过程中，纤维断裂、拔出、脱黏/解离，脱黏/解离后摩擦及表面扩展都要消耗能量，因此提高了陶瓷基复合材料的韧性。

纤维拔出是指靠近裂纹尖端的纤维在外力作用下，沿着它和基体的界面滑出的现象。纤维拔出的特征如图 14-7 所示，很显然纤维应先发生脱黏才能被拔出。纤维拔出会使裂纹尖端应力松弛，从而减缓裂纹的扩展。纤维的拔出需要外力做功，因此起到增韧作用。

对于三维编织陶瓷基复合材料，裂纹在任意方向扩展都会遇到与裂纹成一定角度纤维的阻碍，裂纹会沿纤维/基体界面扩展。其增韧机理具有与单向陶瓷基复合材料不同的两个特点：①三维编织陶瓷基复合材料在特定方向上，纤维体积分数明显低于单向陶瓷基复合材料，因此其阻止裂纹扩展的能力元低于单向陶瓷基复合材料。②三维编织陶瓷基复合材料可阻止各个方向的裂纹扩展;同时由于构件的主承力方向一般与纤维方向不一致,这样纤维不易断裂,因而增韧效果更好。

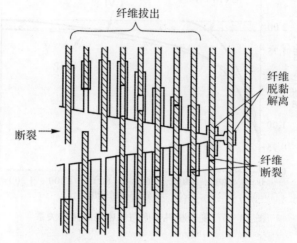

图 14-7 纤维增强陶瓷复合材料的断裂和纤维脱黏/解离示意图

14.3 陶瓷基复合材料的性能

法国 SEP 公司研制的 C/SiC 和 SiC/SiC 复合材料,已在多种推力室上进行了成功的点火试验,并已实现商品化,性能见表 14-4。

表 14-4 SEP 的 SiC 基体陶瓷基复合材料的性能

性 能		C/SiC			SiC/SiC		
		23℃	1 000℃	1 400℃	23℃	1 000℃	1 400℃
密度/(g·cm^{-3})		2.1			2.5		
热膨胀系数/(10^{-6}·K^{-1})	∥	3	3		3	3	
	⊥	5	5		2.5	2.5	
热扩散系数/(10^{-6}·m^2·s^{-1})	∥	11	7	8	12	5	5
	⊥	5	2	2	6	2	2
拉伸强度/MPa	∥	350	350	330			
弯曲强度/MPa	∥	500	700	700	300	400	280
剪切强度/MPa	∥	35	35	35	35	35	25

14.4 陶瓷基复合材料在火箭发动机上的应用及发展方向

从 1990 年法国将陶瓷基复合材料应用到小型液体姿控轨控发动机推力室开始,陶瓷基复合材料在发动机上的应用不断扩大,并成功应用于大型运载火箭液体发动机扩张段、卫星和动能武器姿控轨控发动机推力室、燃气发生器(中心管、燃气调节阀等)、天地往返运输系统热结构防护(TPS,如鼻锥、舵面、机身、襟翼、进气道等)、高超音速冲压发动机(X-43)TPS,飞机刹车盘、反应壁垒、交换器燃气轮机、船舶超结构体、鱼雷壳体等。目前陶瓷基复合材料在火箭发动机上的应用和研究重点呈现下列趋势:

1)大型化。法国将 C/SiC 和 SiC/SiC 陶瓷基复合材料最早应用于小推力室,随后拓展到大型液体发动机推力室、喷管、燃烧室和延伸喷管等。目前陶瓷基复合材料部件的最大尺寸已经达到 3.5 m×8.5 m。

2)多样化。C/SiC 和 SiC/SiC 陶瓷基复合材料最初主要用于液体发动机推力室、喷管和燃烧室等部件,后来逐渐应用到液体冲压发动机、固液发动机等特种发动机的抗氧化推力室、喷管和燃烧室等热结构部件(见图 14-8、图 14-9)。

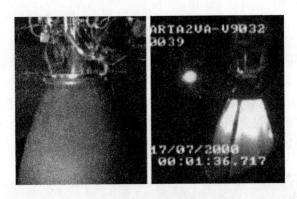

图 14-8　C/SiC 喷管及真空热试车

图 14-9　C/SiC 燃烧室及热试车

3)由航天向航空拓展。由于航空发动机工作时间长、使用要求苛刻,因此,陶瓷基复合材料在航空发动机上的应用比在航天领域(火箭发动机)的应用难度更大。随着陶瓷基复合材料在火箭发动机上应用不断成熟,美、法等国开始进行陶瓷基复合材料在航空发动机上的应用研究。1996 开始的"IHPTET"计划已进入第三阶段,整体燃烧室、整体导向器、整体涡轮、导向叶片、涡轮间过渡机匣、尾喷管等陶瓷基复合材料构件通过了发动机演示验证(见表 14-5)。

表 14 - 5   陶瓷基复合材料在航空发动机上的演示验证情况

飞机型号/发动机型号	推重比	应用部位和效果
F22/F119(美)	10	矢量喷管采用 C/SiC 内壁板和钛合金外壁板的复合结构,代替高温合金,有效减重,解决飞机重心后移问题,同时可靠性提高
EF2000/EJ200(欧)	10	C/SiC 燃烧室、火焰稳定器和尾喷管调节片,通过了军用发动机试验,在高温高压燃气下未受损伤
阵风/M88-Ⅲ(法)	9~10	C/SiC 作尾喷管调节片试验成功
F118F/F414(美)	9~10	成功地应用了 C/SiC 燃烧室
B777/Trend800(美/英)	民 用	C/SiC 作扇形涡轮外环试验成功,可大幅度节省冷却气量、提高工作温度、降低结构质量并延长寿命

4)由液体到固体拓展。通常陶瓷基复合材料都应用于液体发动机或含液体燃料的液体冲压发动机,很少应用于固体发动机。但 2001 年德国国防部开发了 C/SiC 陶瓷基复合材料在战术导弹固体发动机上的应用,研制的 C/SiC 整体喷管(见图 14-10)在一系列固体发动机上进行了试验,燃烧室平均压强为 80 bar。试验表明,C/SiC 整体喷管的优势在于烧蚀率低,喉部烧蚀量小,因喉部烧蚀引起的推力损失大为减少。

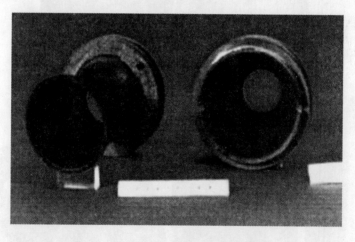

图 14-10   固体发动机 C/SiC 整体喷管

5)超高温陶瓷基复合材料技术。高超声速飞行器冲压发动机热结构陶瓷基复合材料研究的重点是提高其耐久性和抗氧化性能。采用冷却式结构设计的陶瓷基复合材料面板是陶瓷基复合材料在更高工作温度、更长时间条件下工作的十分有意义的探索。随着高超声速飞行器技术发展,对 2 300 K 以上超高温陶瓷基复合材料提出急迫的技术需求。SiC 基体热结构陶瓷基复合材料由于使用温度较低(长期工作温度为 1 650℃),难以满足高超声速武器热结构部件(如机头前缘、鼻锥、燃烧室内层等)苛刻的使用要求,因而超高温陶瓷基复合材料技术在国外得到蓬勃发展。

14.5　超高温陶瓷基复合材料技术研究进展

国外在 2 300 K 以上热防护材料研究方面,主要依靠难熔金属碳化物(ZrC、HfC、TaC)陶瓷材料的 CVI 工艺技术和难熔金属硼化物的热压成型制备技术。在高超声速飞行器研究计划(典型的有美国 SHARP 计划、K2X 计划、TSTO 计划以及意大利的 USV 计划)的牵引下,难熔碳化物、硼化物复合材料技术研究已经取得了一定研究成果,并得到成功应用。

俄罗斯制备的 $C/C-TaC-HfC$ 复合材料渗铜喉衬通过了 8.0 MPa、3 800℃、60 s 条件下的固体发动机地面点火试车考核,其线烧蚀率比多维 C/C 复合材料喉衬降低 1 倍多。

美国宇航局于 2000 年对由不同公司生产的可能用于 Hyper-X 计划的 X-43A($Ma=7$)鼻锥和前缘的 14 种材料体系进行了电弧加热器烧蚀测试,结果表明:RCI 公司生产的碳纤维增强 HfC 基复合材料效果最好,它完成了所有的 10 min 10 次循环。

University of Missouri-Rolla 的研究者研究出了含有 30%SiC 颗粒的 ZrB_2 基复合材料。ZrB_2-SiC 材料具有很高的强度(强度超过 1 000 MPa)和抗氧化性。材料的温度在不到 30 s 的时间内从室温上升到 2 200℃没有引起材料破坏,表现出了良好的抗热震性。

NASA Glenn 研究中心也研制出了 ZrB_2-SiC 复合陶瓷,用作锥前缘材料,可以多次使用,最高使用温度可达到 2 015.9℃,满足最高使用温度 1 990℃($Ma=10$)的技术要求。

NASA Ames 中心为验证 UHTCs 材料在高超声速环境下作为尖锐前缘部件的可能性,用于测试的机翼前缘部件前缘半径为 0.254 cm,尖端部分采用 ZrB_2/SiC 复合材料,往后是 CFCC 和 $ZrB_2/SiC/C$ 共同组成的,在低温区采用金属钛。鼻锥部件,最前边采用 HfB_2/SiC 材料,在 1 800 K 时,开始逐渐生成氧化层,最高使用温度高于 3 000 K,氧化层的热导率和厚度分别为 3.1 W/(m·K)和 100 μm,表现出良好的热防护性能。

美国加利福尼亚空军基地发射了 3 枚美国空军民兵 3 型导弹,用于对新一代超高温陶瓷(HfB_2/SiC 复合材料)的最新性能检测。在 23 min 亚轨道飞行中,导弹承受 2 760℃的高温,回收的导弹形状完整。

意大利陶瓷材料国家研究委员会(CNR-ISTEC)从 20 世纪 90 年代初就研究开发具有优良的抗氧化性和力学性能的超高温陶瓷材料。2000 年意大利宇航研究中心正式启动具有尖锐外形的热结构(SHS)材料研发计划,目标是使用超高温陶瓷材料结合传统陶瓷基复合材料或金属支撑结构来制备新型锐形热结构。为此,他们将硼化物作为重点研究对象,尤其是 ZrB_2/SiC 和 HfB_2/SiC 复合材料(这些复合材料使用温度都超过 2 200 K),最终目的是为了制备出空天飞行器鼻锥和翼前缘等部位处的材料并通过地面测试保证其性能满足要求。

从以上国外超高温热防护材料的研究进展和方向可以看出,耐高温、抗烧蚀的碳化物、硼化物陶瓷基复合材料在航天领域具有重要的应用价值。成为能在工作温度超过 2 300 K 时使用的候选材料,这些材料具有优异的物理性能,包括高熔点、高的热导率、高的弹性模量,并能在高温下保持很高的强度,同时还具有良好的抗热震性和适中的热膨胀率,成为飞行器鼻锥、机翼前缘、发动机热端等各种关键部位、部件最有前途的超高温候选材料,因而受到国内外学者的极大关注。

思 考 题

1. 纤维增强热结构陶瓷基复合材料的优点是什么？
2. 制备纤维增强热结构陶瓷基复合材料常用的工艺是什么？
3. 界面在纤维增强热结构陶瓷基复合材料中的作用是什么？
4. 连续纤维增强陶瓷基复合材料的增韧机理是什么？
5. 你认为高超声速飞行器系统陶瓷基复合材料的发展方向是什么？

第 15 章　柔性接头材料及成型技术

发动机除了为飞行器提供推力外,还可以提供使其转动的力矩,从而控制飞行器姿态和飞行轨道。推力向量控制是火箭发动机的一项关键技术,柔性喷管是固体火箭发动机应用最广的一种先进向量控制方式,具有性能稳定、密封可靠,可潜入燃烧室等一系列优点,已在国内外先进武器系统广泛应用。柔性喷管的核心部件是柔性接头,如图 15-1 所示,柔性接头可将喷管可动部分连接到固定部分,并使二者密封,在弹性件的剪切应变下使喷管绕转动中心作旋转运动,从而产生推力向量的变化。

图 15-1　柔性接头工作示意图

15.1　柔性接头材料的技术要求

柔性接头是一种非刚性承压密封连接件,由多层同心球环状的增强件和弹性件相互交替以及前、后法兰黏结而成。柔性接头一般包含 3 种材料:弹性件材料、增强件材料和黏合剂,在性能方面各具特色。

(1)弹性件材料要求

柔性接头弹性力矩是作动力矩中最大的分力矩,它取决于柔性接头中弹性件的总厚度、柔性接头转动半径、柔性接头角度、发动机工作压强等因素,与弹性件橡胶材料的剪切模量成正比。因此要减小柔性接头的摆动力矩,就应选择剪切模量小、化学稳定性好的橡胶弹性材料。喷管摆动和燃烧室工作压强使柔性接头弹性件承受剪切应力,所以弹性件橡胶材料应具备一定的剪切强度,同时还应具有良好的黏结性能。

弹性件橡胶材料的基本技术要求是具备较低的剪切模量(0.20~0.40MPa)和一定的剪切强度,并且和增强件材料、法兰金属材料有良好的黏结性能以及抗老化性能;在发动机贮存和运输中,不受环境条件影响而导致其性能发生明显的变化。

(2)增强件材料要求

柔性接头增强件由金属或复合材料制成。增强件主要承受由发动机工作压强和喷管摆动引起的外半径上的拉伸圆周应力和内半径上的压缩圆周应力,因此要求增强材料具备足够的强度和加工精度。对于复合材料增强件,层间剪切强度也很重要,一般要求大于 35 MPa。

(3)黏合剂要求

柔性接头中的增强件、弹性件和前、后法兰采用黏合剂黏结而成。由于柔性接头由多种材料复合而成,包括橡胶材料、树脂基复合材料、金属材料等,因此要求黏合剂具有较宽的黏结适应性。根据柔性接头不同部位的使用要求,可以采用两种黏合剂。为确保柔性接头密封可靠,要求黏合剂具备良好的黏结性能,其黏结强度大于或等于弹性件橡胶材料的剪切强度。黏合剂的使用温度和柔性接头弹性件材料的一致,且要求其在各种自然环境条件下,都能保持较好的抗老化性能。

15.2 材料的选择及其成型工艺

柔性接头材料的选择取决于发动机的工作环境,如发动机工作压强、燃气温度、气流速度和摆角等。

(1)弹性件材料

天然橡胶因其优异的力学性能和黏结性能,被广泛用作柔性接头弹性件材料,如美国、法国、印度等较多采用天然橡胶作为型号发动机柔性接头弹性材料。其剪切模量约为 0.25 MPa。为进一步改善天然橡胶其他性能,美国也有对天然橡胶进行改性的使用情况,如在三叉戟 C4 及 MX Ⅰ级发动机上采用了天然橡胶和丁腈橡胶共混作为柔性接头弹性材料。但天然橡胶在较低温度下容易结晶使橡胶弹性下降,因此天然橡胶在低温下的使用温度范围受到限制,一般应高于 10℃。与天然橡胶分子结构基本一致的合成聚异戊二烯橡胶,其性能与天然橡胶相当,也可用于柔性接头弹性件,如乌克兰某型号柔性接头弹性件采用异戊二烯橡胶,200% 下的剪切模量 0.22MPa,剪切强度大于 3.5MPa。硅橡胶耐高低温性能良好,其温度使用范围达到 −53~74℃,且不易老化,可用作特殊的宽温域使用柔性接头弹性件材料,如美国飞马座 Ⅱ、Ⅲ级柔性接头采用硅橡胶弹性件材料,剪切强度为 1.72~3.86 MPa,剪切模量为 0.172~0.276 MPa。但硅橡胶的力学性能低,与其它材料黏结难度大,在很大程度上限制了硅橡胶的使用范围。氯丁橡胶在 −40~74℃ 范围内性能基本达到要求,但工艺性较差。

柔性接头在贮存和运输中,受自然界中的臭氧、紫外线、温度和湿度等因素的影响,橡胶弹性材料表面发生氧化,使性能发生变化,导致橡胶材料剪切模量提高。这样会造成柔性接头轴向变形减小,柔性接头摆动力矩增大,使柔性接头使用性能发生改变,甚至造成喷管偏斜。因此柔性接头弹性件材料的抗老化性能尤为重要。

以天然橡胶弹性件材料为例说明弹性件材料的制作工艺过程:按天然橡胶弹性材料配方称量各组分,然后在炼胶机上按顺序加料进行混炼,制备天然橡胶混炼胶。在橡胶平板硫化机上按天然橡胶弹性材料硫化工艺进行橡胶试样制作,全面测试其基本性能,性能合格后才可进行柔性接头生产。

(2)增强件复合材料

柔性接头增强件主要承受拉伸应力和压缩应力,破坏多由压缩应力或层间剪切应力引起,因此增强件材料多选力学性能较好的高强度钢或比强度高的钛合金。随着新材料、新技术的发展,为适应固体火箭发动机减轻消极重量的需求,越来越多的发动机柔性接头采用了复合材料增强件。复合材料增强件一般采用两种纤维织物压制而成。其中内圈采用高强玻璃布,起主承力作用;外圈采用碳布,起耐温、抗烧蚀作用。

要求复合材料增强件尺寸均匀,厚度偏差低于 0.3 mm,同时表观不得有分层、气泡、疏松等缺陷。复合材料增强件制备工艺流程如图 15 - 2 所示,工艺过程控制内容如下:

1)预浸布指标的控制。预固化度≤15%,挥发分≤3%,含胶量为 45% 左右。

2)合理的铺层设计。由于高强玻璃布和碳布布层厚度不同,互相搭接压制成一个等厚的球面增强件需对铺层进行合理设计。

3)严格控制压制工艺参数。包括加压时机、成型压力和升温制度。

4)模具加工质量。由于每个增强件球半径不同,因此每个增强件都需一套成型模具。成型模具要求具备一定的精度等级,否则造成增强件型面、厚度偏差大,进而影响柔性接头性能。

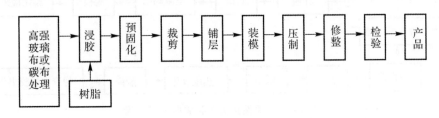

图 15 - 2　复合材料增强件制备工艺流程

(3)黏合剂

柔性接头中的增强件、弹性件和前、后法兰采用黏合剂黏结而成,因此黏合剂的黏结性能直接影响柔性接头的产品质量。黏合剂的选择与柔性接头弹性件材料及柔性接头成型方法密切相关。对于采用热黏工艺成型的天然橡胶弹性件柔性接头,由于天然橡胶生胶片黏结性很强,可以直接黏结被黏物,因此只需在表面处理后的增强件黏结面上涂刷一层底胶即可。对于采用冷黏工艺成型的天然橡胶弹性件柔性接头,由于天然橡胶弹性件已模压硫化成型,只能靠黏合剂将增强件与前后法兰黏结,其黏合剂一般选用室温固化环氧型黏合剂;同时,天然橡胶弹性件表面也需进行磺化处理,以进一步提高黏结质量。

柔性接头黏结质量不仅与黏合剂本身的性能有关,与黏结工艺也密切相关。黏结界面的微小变化都会影响黏结质量,黏结层厚度一般控制为 0.05~0.10 mm。

15.3　柔性接头部件成型工艺

柔性接头的成型方法有 3 种:热黏成型、冷黏成型和注模法成型。

(1)热黏成型

热黏成型又叫作一次模压成型,是将橡胶混炼胶窄条一层层放入增强件之间,各部件装入模具后,合模热压黏结成型。为了控制各层胶片的厚度,在模具上需采取必要的控制措施。热黏成型的工艺流程如图 15 - 3 所示。

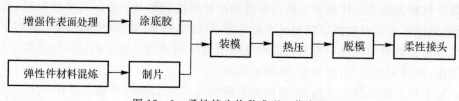

图 15-3　柔性接头热黏成型工艺流程

（2）冷黏成型

冷黏成型又叫作预先硫化的弹性件二次黏结成型。该方法是预先将弹性件热压硫化成型，弹性件的厚度主要由模具保证；然后用室温黏合剂在模具内进行定位黏结，通过施加一定的压力，使柔性接头获得良好的黏结质量。该方法能够保证弹性件的厚度，但需要较多的模具，一次性投资较高。冷黏成型工艺流程如图 15-4 所示。

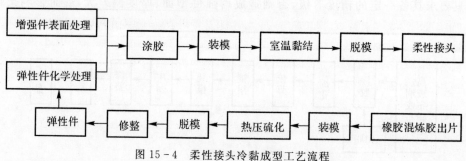

图 15-4　柔性接头冷黏成型工艺流程

（3）注模法成型

注模法成型是将增强件彼此以一定位置间隔固定在模具内，然后将橡胶混炼胶通过注射机注入增强件的间隙内的成型方法。该方法具有与热黏成型工艺同样的优点，适合于大批量柔性接头研制，但对模具设计和橡胶混炼胶的流动性提出了很高的要求，目前在国内尚未实现型号应用。

15.4　质量检查与控制

15.4.1　柔性接头的质量检查

1）一般性检查。弹性件和增强件表观不允许有气泡、分层等缺陷，厚度偏差应控制在设计允许范围之内；柔性接头黏结质量良好，不允许有脱黏、缺胶现象；柔性接头总高度、同轴度满足设计要求。

2）气密试验。用法兰盘将柔性接头前后法兰连接密封，通入一定压力的氮气检查是否漏气，进一步检查柔性接头黏结可靠性。

3）冷试摆动。每一个柔性接头都需按程序进行实验室摆动检验，也叫冷摆。冷摆试验在室温环境下进行，柔性接头一端与试验容器对接，另一端与作动器动作臂连接，在不同的压力值下按程序摆动，分别测定柔性接头的轴向位移和径向位移、柔性接头摆心轴向漂移和径向漂移、柔性接头的力矩特性等。

4)破坏试验。一般采用轴向拉伸试验或水压爆破试验检测柔性接头的破坏强度。

5)老化试验。将柔性接头存放在使用环境中,定期进行柔性接头冷摆试验,测定其弹性力矩和轴向变形。通过对试验结果进行分析,确定柔性接头的贮存寿命。

15.4.2　柔性接头的质量控制

柔性接头是柔性喷管的关键部件,它的质量不仅影响到发动机工作的可靠性,而且影响到喷管的摆动特性。柔性接头的质量稳定是建立在严格控制每道工序的基础上的。

1)材料性能的稳定。弹性件材料和增强件材料的性能指标是衡量材料性能稳定的标志,因此使用前必须对弹性件材料和增强件材料进行性能复验,工艺过程主要控制原材料质量和工艺参数。

2)厚度的控制。弹性件和增强件的厚度都有偏差控制要求,它是保证柔性接头质量必不可少的要求。橡胶和复合材料在固化过程中都有一定的收缩率,收缩率的大小与产品尺寸、模具状态和成型工艺都有关系。弹性件和增强件的厚度控制首先要控制模具的加工精度,然后通过试验数据积累优化工艺参数。

3)黏结质量。柔性接头是典型的多界面黏结结构,有橡胶/复合材料黏结界面、橡胶/金属黏结界面等。要使如此复杂的黏结界面黏结牢固形成一个整体,首先要正确选择黏合剂,不仅要求黏合剂黏结强度高,而且要求胶黏剂对橡胶材料、金属材料、树脂基复合材料具有良好的浸润性、成膜性和初黏性;然后要优化黏结面表面处理工艺,如增强件的表面喷砂处理、钛合金的化学处理和橡胶表面的化学处理,明确表面处理工艺标准;最后要严格控制胶黏剂胶层厚度,实现柔性接头多界面的可靠黏结。

15.5　柔性接头技术发展及研究方向

15.5.1　柔性接头技术的研究现状

(1)美国

美国的柔性接头技术首先在海神 C-Ⅲ导弹两级发动机上获得应用。随着固体火箭发动机柔性喷管技术的不断改进和发展,柔性喷管技术更趋成熟,结构上更趋简单化和轻型化,如美国的三叉戟 C4、MX 机动洲际导弹、海基导弹和航天飞机助推器等均采用了柔性喷管技术。

柔性接头弹性密封材料主要有天然橡胶、异戊橡胶、天然橡胶/丁腈橡胶和硅橡胶等。为进一步拓宽柔性接头使用温度范围,美国采用硅橡胶作为弹性密封材料,其温度使用范围为 $-53℃\sim74℃$。硅橡胶弹性材料不仅可应用到金属增强件柔性接头技术上,还可以应用到复合材料增强件柔性接头中,如飞马座 Ⅱ、Ⅲ 级柔性接头。硅橡胶弹性件剪切强度为 $1.72\sim3.86$ MPa,剪切模量为 $0.172\sim0.276$ MPa。

柔性接头增强件材料主要包括金属和复合材料两种。由于复合材料具有密度低、可设计性强等优点,不仅可简化柔性接头结构,还可以降低喷管消极质量,因此国外高性能的柔性接头越来越多地采用复合材料增强件。复合材料增强件材料有玻璃布/酚醛、玻璃布/碳布/酚醛、玻璃布/碳布/环氧、短切玻璃纤维/酚醛、石墨布/环氧等,如美国海神 C-Ⅲ改第二级、三叉戟 Ⅰ第三级、MX Ⅰ级、MX Ⅲ级等柔性接头增强件就采用玻璃布/碳布/环氧复合材料,MX

Ⅱ级柔性接头增强件采用石墨纤维/环氧复合材料,侏儒导弹发动机柔性接头增强件采用的是碳布/环氧复合材料。

　　除了上述介绍的热压黏结、冷黏及注模成型方法,美国专利5399309中介绍了一种新型柔性接头成型方法——缠绕成型,它先将天然橡胶压延到碳布或玻璃布上,然后缠绕到球面芯模上成型(见图15-5)。

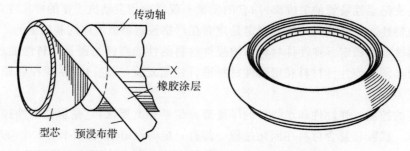

传动轴

橡胶涂层

型芯　预浸布带

图 15-5　美国专利 5399309 柔性接头缠绕示意图

（2）法国

　　20世纪60年代末,法国 Snecma Propulsion Solide 公司研制的柔性接头用橡胶材料为天然橡胶或合成的聚异戊二烯橡胶,材料的剪切模量约为 0.2 MPa。法国的 M4、欧洲空间局的阿里安5固体推进器均采用了柔性喷管技术。阿里安5固体推进器 A 阶段和 B 阶段柔性接头采用钢增强件/天然橡胶弹性件。阿里安5第三阶段 P2010 改进规划将参照织女星发动机采用小力矩自防热柔性接头技术,进一步简化结构;同时采用机电伺服机构控制系统,减轻喷管的重量,其力矩设计值约为 A 阶段的 50%。

　　法国织女星 P80 喷管柔性接头采用自防热低力矩柔性接头技术,增强件和防热栅统一采用玻璃纤维复合材料,弹性件采用低模量合成橡胶,其剪切模量比常用天然橡胶低 50%(剪切模量约为 0.1 MPa),成型方法为注模成型。如图 15-6 所示为法国 P80 发动机柔性接头及玻璃纤维复合材料增强件。

图 15-6　法国 P80 发动机复合材料增强件及柔性接头

(3)俄罗斯及乌克兰

俄罗斯从 20 世纪 70 年代开始研制柔性接头,如白杨-M 等采用柔性喷管技术,其柔性接头成型精度高,使用安全可靠。

乌克兰某型号柔性接头由两个承力法兰——上法兰(活动)和下法兰(固定)、14 层金属增强件和 15 层橡胶弹性件组成。柔性接头采用将橡胶绳预压逐层装配后模压硫化的方法制备。柔性接头弹性材料由异戊二烯橡胶＋少量氯丁基橡胶或溴丁基橡胶＋填料组成,橡胶拉伸强度为 13.0 MPa,断裂伸长率为 780％,邵氏硬度为 29,剪切应变为 200％时的剪切模量为 0.22 MPa,剪切强度大于为 3.5 MPa,柔性接头使用寿命≥17.5 年。

俄罗斯、乌克兰从柔性接头稳定性设计出发,采用的增强件材料多是金属钢,采用的柔性接头成型技术除热压成型技术、冷黏成型技术外,还有柔性接头注模成型技术。(柔性接头注模成型技术)既保证每层弹性件厚度均匀,又能使构件生产效率高,黏结质量安全可靠。

此外,其他国家在柔性喷管技术应用方面也取得很大进展,如日本的 H-2、SB-735 助推器(弹性材料采用聚异戊二烯橡胶)、印度的极地轨道卫星运载火箭(弹性材料采用天然橡胶,剪切模量约为 0.25MPa)、巴西的卫星运载器都采用了柔性喷管技术。

通过多年的发展,我国柔性喷管技术也取得很大进展,柔性接头技术在多个战略型号固体火箭发动机上得到了应用。为进一步拓宽柔性接头使用温度范围,我国开展了多种新型柔性接头弹性件用橡胶材料研制,并取得阶段性研究进展。

15.5.2 柔性接头热防护技术的研究现状

柔性接头外表面暴露在固体发动机燃气环境中,为保证柔性接头能正常工作,需对柔性接头进行热防护。

对于金属增强件柔性接头,其防热技术多采用防热套。防热套材料有硅橡胶、丁腈橡胶等,如法国 SEP 公司研制的 SSSL 柔性喷管采用有机硅材料防热套,美国航天飞机助推器采用充填有石棉-二氧化硅的硫化丁腈橡胶柔性防热套(见图 15-7)。通过采用低模量橡胶和合理的防热套结构设计,尽可能降低因防热套引起的摆动力矩。

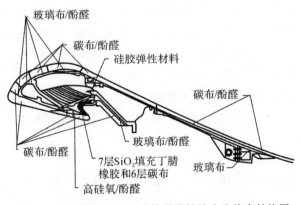

图 15-7 美国航天飞机助推器柔性接头防热套结构图

对于非金属增强件柔性接头,其热防护多采用防热栅结构,如美国 MX 第Ⅰ级发动机喷管柔性接头,增强件采用玻璃钢材料,增强件向外延伸部分采用碳布/酚醛材料,以此构成热屏障,保护柔性接头(见图15-8)。法国织女星发动机柔性接头复合材料延伸部分采用玻璃钢材料,利用玻璃钢材料导热系数低的优点,进一步保护柔性接头。

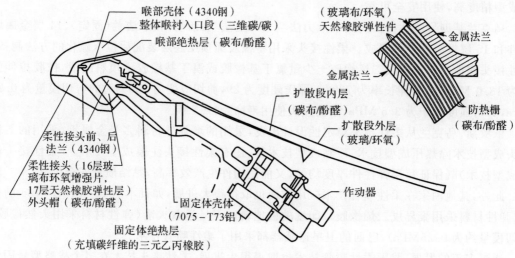

图 15-8　MX 第 I 级发动机喷管结构图及柔性接头防热栅结构图

俄罗斯的柔性接头防热技术采用防热帘结构:在柔性接头外侧先紧贴一层橡胶防热罩,然后在防热罩外黏结用高变形碳纤维和芳纶纤维编织物折叠而成的防热帘,取得理想的防热效果。这种防热结构质量轻,应用范围广,且结构简单,基本不增加摆动力矩。

15.5.3　柔性接头技术存在的问题及研究方向

(1)低模量弹性材料技术

目前柔性接头弹性件材料普遍采用天然橡胶,橡胶剪切模量较高,研制低模量橡胶材料以降低柔性接头摆动力矩,成为柔性接头的研究热点和研究方向。

(2)柔性接头成型技术

国外柔性接头成型技术主要有热压黏结成型、冷黏成型和注模成型技术。其中注模成型技术不仅能保证每层弹性件厚度均匀,而且构件生产效率高,黏结质量安全可靠。相比之下,国内柔性接头成型技术只有热压黏结成型和冷黏成型,成型工艺效率低。因此,开展注模成型技术成为柔性接头技术今后研究的一个重点和方向。

柔性接头弹性件厚度的均匀程度对柔性接头的摆动性能和可靠性有着十分重要的影响。因此,如何降低柔性接头弹性件厚度偏差,提高弹性件厚度的均匀程度也是热压黏结柔性接头的研究重点之一。

(3)柔性接头热防护技术

柔性接头防热帘质量轻,应用范围广,且结构简单,基本不增加摆动力矩,是柔性接头热防护技术的发展方向。

(4)大尺寸复合材料柔性接头成型技术

目前,我国复合材料增强柔性接头尺寸较小,难以满足大型固体火箭发动机的需要,需开展大尺寸复合材料增强柔性接头技术研究。

思　考　题

1. 柔性接头在喷管中的作用是什么?
2. 柔性接头弹性件材料的要求是什么?
3. 柔性接头注模法成型有什么优点?
4. 柔性接头热防护技术发展的方向是什么?

第16章　喷管组装及黏结工艺

喷管组装是将喷管的零部、组件,按照设计图纸和技术要求,进行装配、黏结和检测的工艺过程。它是喷管制造的关键工序,在整个喷管制造过程中占有重要位置。

喷管分为固定喷管和可动喷管。固定喷管组件少,组装、黏结可以一次完成;可动喷管零、组件多,各件间的配合较严格,组装程序也较复杂。喷管组装的主要内容有:

1)根据产品设计配套表,逐个核对零、组件的名称、编号、数量;

2)检查零、组件质量,包括材料性能、加工质量和表观质量;

3)零、组件的表面清理,一般采用溶剂清洗;

4)黏合剂性能复验,零、组件关键尺寸复测;

5)按工艺程序进行组装黏结;

6)气密试验,黏结面超声探伤,总体尺寸、质量测量等。

16.1　喷管组装的特点和技术要求

普通喷管由金属壳体、收敛段、喉衬、背衬和扩张段组成。柔性喷管比较复杂,由固定体组件、扩张段组件、喉衬组件、柔性接头、防热环、防热套、密封件等构成,各组件之间采用黏合剂黏结或法兰连接,用 O 形圈密封。喷管结构中,柔性喷管因为具有良好的工作特性和可靠性而占据重要的位置,在先进的武器系统中广泛使用。

16.1.1　柔性喷管组装的特点

1)零、组件几何尺寸的不稳定性。喷管的大部分材料为复合材料,复合材料在贮存、加工过程中,由于材料本身固有的特性,以及环境条件和加工方法的影响,它的几何尺寸在不断地变化,尤其是大型薄壁部件,如喷管金属壳体、扩张段绝热层等,存在较大的尺寸不稳定性。

2)配车。配车是复合材料加工配合常用的一种方法。由于某个零件尺寸发生微小变化,且无法精确测量准确的数据,需要与另一零件配合,对该件进行配合加工。

3)试装。按图纸和技术要求加工的零、组件,互相间或总体进行试装,以检查零组件之间的配合情况。

4)修配。试装不合适,或尺寸复测出现超差时,如果加工余量较大,可以上机床加工;如果加工余量很小,可以手工打磨至试装配合良好为止。

5)组装黏结工艺的规范化。整个组装黏结过程的每个工步、工序要求都是很严格的,不允许返工。因此只有在做好准备工作的基础上,才能达到一次成功的目的。

16.1.2　柔性喷管组装黏结的主要技术要求

1)装配前测量所有零、组件质量,清洗干净,复验主要配合尺寸,按实际尺寸预计配合间隙是否符合装配技术要求；

2）保证径向和轴向定位面接触；

3）组装黏结后对黏结面进行无损探伤，不良黏结面应符合技术要求；

4）尺寸和位置精度符合技术要求；

5）气密试验。

16.2　柔性喷管的组装

16.2.1　工艺流程及工艺分析

如图 16-1 所示的是一种比较典型的柔性喷管结构示意图，它主要由喉衬组件、防热部件、柔性接头和金属件等构成。柔性喷管经简化后的组装黏结工艺流程如图 16-2 所示。先通过复合工艺和加工工艺制成喷管的各部分零、部件，然后将其黏结或连接成组件，最后组成喷管部件。整个喷管的质量是由材料质量、加工质量和组装黏结质量保证的。组装黏结工艺对喷管最终质量有重要影响，因此严格执行组装黏结工艺规范是保证喷管质量的关键。黏合剂强度测试是通过试片来验证的，对于无法测定黏结强度的部、组件，一般通过超声探伤来检验黏结面质量。装配间隙的控制是组装质量的关键，需通过加工、检测和试装工序的配合协调完成。装配现场应保持一定的温、湿度和清洁度要求以减少环境条件对装配质量的影响。

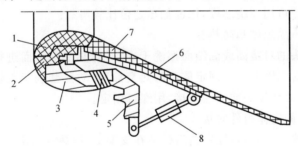

图 16-1　柔性喷管结构示意图

1—喉衬；　2—喉衬头帽；　3—接头防热环（内层为碳/酚醛，外层为高硅氧/酚醛）；　4—柔性接头；
5—固定体；　6—扩张段壳体；　7—扩张段绝热层；　8—伺服机构

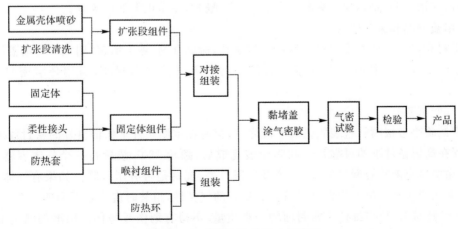

图 16-2　喷管组装黏结工艺流程

16.2.2　组装准备

按照配套表核对零、部件,称质量,检查表观,清除油污和多余物。对喉衬组件和扩张段组件等进行零、部件试装。防热环对接间隙应小于或等于定值,定位面应到位。

检验黏合剂剪切强度,用溶剂丙酮或汽油清洗被黏物表面,金属件喷砂处理。

检查压机,工装、吊具是否处于良好状态,必要时启动、测量、试吊,以保证其工作可靠性。

16.2.3　组装黏结

(1)喉衬组件黏结

背衬与喉衬的间隙应小于定值。用丙酮清洗黏结面,室温晾置后涂胶,将背衬压入喉衬,加接触压力,固化后卸压,再放置一定时间。

(2)固定体组件黏结

固定体防热材料和金属件对接间隙应不大于0.25 mm。金属件喷砂应符合要求,用丙酮清洗,涂胶,将防热材料压入金属件,加压,清理余胶。在一定压力下保持一定时间,固化后卸压。

(3)扩张段组件黏结

防热材料和金属壳体间的定位面接触不得有间隙,试装时用塞尺测量。金属件喷砂,用丙酮清洗接触面,均匀涂胶。金属壳体压入防热材料,加压、保压、清理余胶,然后在一定的压力下室温固化。黏结工装可用缠绕芯模,保证加压定位比较可靠。

(4)组装柔性接头、固定体和防热套

用丙酮将柔性接头的对接面或黏结面擦洗干净,对防热套黏结面进行机械打磨。将柔性接头放平,装密封圈,封泥固定。将固定体和防热套涂胶,防热套装于柔性接头上。将固定体向上吊起,使其法兰和柔性接头前法兰对接,用螺钉固定。

(5)扩张段组件与固定体组件对接

在扩张段组件外放一支架,将固定体组件放在支架上,用螺钉固定。吊起扩张段组件和柔性接头对接。

(6)喉衬组件和防热环组装

组装之前,应将防热环和喉衬组件试装,观察定位面是否到位,并测量配合间隙。若符合要求,用丙酮清洗黏结面,均匀涂胶,装上防热环、喉衬,在压机上加压固化。

(7)堵盖黏结和涂气密胶

将喉衬和堵盖黏结面手工打磨后用丙酮清洗,涂黏合剂,盖上堵盖,用重物对堵盖加压,室温固化。C/C复合材料喉衬与堵盖配合间隙常常有气体泄漏现象,需用环氧密封胶刷其表面。

(8)气密试验

气密试验是考核喷管组装质量的手段之一,只有在室温条件下保证良好的密封效果,才能保证喷管在高温条件下的可靠性。喷管组装完成后,翻转$180°$,装置在一个气密容器上用氮气充压,涂中性皂液检查漏气部位,或接真空压力表,观察是否有压力降。如果有气体泄漏现象,应采取相应措施解决。为保证喷管具有良好的气密性,组装时应注意下列四方面。

1)法兰连接时,应仔细检查密封面的表观质量,不得有划伤或碰伤。用溶剂清洗干净,密封圈应符合技术要求,放置合适,用封泥固定位置。

2)拧螺钉时,用力矩扳手,对称均匀上螺钉,力矩应达到工艺要求。

3)用黏合剂黏结部件时,胶应充满,尤其是配合间隙,应补胶液。

4)涂密封胶时,要均匀涂刷喷管有关表面。

16.3　组装黏结的质量控制

16.3.1　喷管组装过程的质量控制

保证产品质量的关键在于生产过程的质量控制。每道工序都应有明确的技术指标、完善的操作工艺和具体的检验项目。主要从下列五个方面进行控制:

1)按照产品配套表所列的零、部件依次核对名称、数量,做到文实相符;

2)树脂等主要原材料复验合格,黏合剂主要性能符合要求;

3)计量器具鉴定合格;

4)对零、部件进行必要的尺寸复测,如喉衬组件和扩张段组件及防热环间的配合尺寸;

5)检查零、部件表观质量。

16.3.2　性能检测

1)数据测量:测量喷管总质量、总长、出口内径、外径、喉径、与壳体配合尺寸、同轴度等;

2)超声波检测:检验金属件和防热材料间的黏结情况。

思 考 题

1. 喷管组装的技术要求是什么?

2. 柔性喷管组装有什么具体技术要求?

附 录

附录 1　常用术语

ASTM：American Society for Testing Materials.

BP：British Patent.

Carbon black：Finely divided carbon made by burning hydrocarbons(e. g. CH_4) under conditions in which combustion is incomplete，contains up to 95％ carbon.

COV：Coefficient of variation，Value obtained by expressing standard deviation as percentage of mean.

CMC：Ceramic matrix composite.

Composite：Combination of reinforcement and matrix resin.

CVD：Chemical vapor deposition(化学气相沉积)

CVI：Chemical vapor infiltration(化学气相渗透)

NDC：Nondestructive characterization(非破坏性表征,无损表征)

NDE：Nondestructive evaluation(非破坏性评定,无损评定)

NDI：Nondestructive inspection(无损检测)

PC：Pyrolytic carbon(热解碳)

RTM：Resin transfer molding(树脂转移模塑)

TEM：Transmission electron microscopy(发射电子显微镜)

附录 2　符号和缩略词

SRM——固体火箭发动机

C/C——碳/碳

RTM——树脂传递模塑

CVI(CVD)——化学气相渗透(化学气相沉积)

CVR——化学气相反应

PBO——聚对苯撑苯并双噁唑

CE——氰酸酯树脂

PEEK——聚醚醚酮

PPS——聚苯硫醚

PES——聚醚砜

PS——聚砜

PEI——聚醚酰亚胺

PAI——聚酰胺酰亚胺

PAR——聚芳酯

CT——计算机层析扫描成像法

PSLV——极地轨道卫星运载火箭

ISPRO——印度航天研究院

PAN——聚丙烯腈

ITE——整体喉部入口段

ITEC——整体喉部扩张段

ICVI——等温化学气相渗透

TGCVI——热梯度化学气相渗透

DPCVI——压差化学气相渗透

CLCVI——化学液相汽化渗透

FCVI——强制流动热梯度化学气相渗透

ECVI——直热式/电加热化学气相渗透

ECCVI——电耦合化学气相渗透

DCCVI——直接耦合

A_e——消光角

RL——粗糙层

HT——高织构

SL——光滑层

MT——中等织构

DL——暗淡层

MT——低织构

ISO——各向同性

A_o——定向角

PIC——高压浸渍碳化

KIC——断裂韧性

CMC - SiC——碳化硅基复合材料

Al_2O_3——氧化铝

Sol - Gel——溶胶-凝胶法

CAS——钙铝硅酸盐

LAS——锂铝硅酸盐玻璃

MAS——镁铝硅酸盐玻璃

BS——硼硅酸盐

CFRCMC——连续纤维增强陶瓷基复合材料

CH_3SiCl_3——三氯甲基硅烷

PIP——聚合物浸渍裂解法

PCS——聚碳硅烷

PVS——聚乙烯基硅烷

PMS——聚甲基硅烷

AHPCS——聚烯丙羟基碳硅烷

HPCS——氢化聚碳硅烷

TPS——热防护结构

CVR——化学气相反应法

CMC——陶瓷基复合材料

SiC——碳化硅

SiO_2——二氧化硅

CO_2——二氧化碳

参 考 文 献

[1] 丘哲明. 固体火箭发动机材料与工艺[M]. 北京:宇航工业出版社,1995.

[2] 李成功,傅恒志,于翘,等. 航空航天材料[M]. 北京:国防工业出版社,2002.

[3] 贺福. 碳纤维及石墨纤维[M]. 北京:化学工业出版社,2010.

[4] 陈祥宝. 高性能树脂基体[M]. 北京:化学工业出版社,1999 年.

[5] 刘炳禹,王晓洁,韩建平,等. 碳纤维复合材料锥形壳体成型技术初探[J]. 宇航材料工艺,2000,30(4):26 – 29.

[6] 寇哲军,龙国荣,万建平,等. 热固性树脂基复合材料固化变形研究进展[J]. 宇航材料工艺,2006(增刊Ⅰ):7 – 11.

[7] 刘建超,左仓,高克洲. 固体火箭发动机复合裙成型工艺研究[J]. 固体火箭技术,2001,24(1),64 – 67.

[8] Vasiliev V V, Rasin A F. Anisogrid composite lattice structures for spacecraft and aircraft applications[J]. Composite Structures,2006,76:182 – 189.

[9] 王晓洁,李辅安,韩红敏,等. 复合型外防热材料性能研究[J]. 固体火箭技术,2010,33(5):582 – 585.

[10] 徐春广,王洪博,肖定国. 大型曲面复合材料超声检测技术[J]. 纤维复合材料,2013(3):33 – 38.

[11] Benammar Abdessalem, Drai Redouane, Guessoum Abderrezak. Detecrion of delamination defects in CEFP materials using ultrasonic signal processing[J]. Ultrasonics,2008,48(8):731 – 738.

[12] Nam Seo Goo, Kwang J Yoon, Seok Heo. Structural analysis of tape-wrapped structures [J]. Computational Materials Science,2005,34: 369 – 376.

[13] Beckwith S W, Hyland C R. Resin tuansfer molding, adecade of technology advance. Sampe Journal,1998(6):3 – 23.

[14] 陈汝训. 固体火箭发动机设计与研究[M]. 北京:宇航出版社,1992.

[15] 中国航天工业总公司编辑委员会. 世界导弹与航天发动机大全[M]. 北京:军事科学出版社,1999.

[16] 益小苏,杜善义,张立同. 中国材料工程大典:第 10 卷复合材料工程[M]. 北京:化学工业出版社,2006.

[17] 黄发荣,焦杨声. 酚醛树脂及其应用[M]. 北京:化学工业出版社,2003.

[18] 崔红,闫联生,刘勇琼,等. 掺杂改性 C/C 复合材料研究进展[J]. 中国材料进展,2011,30(11):13 – 17.

[19] 苏君明,周绍建,李瑞珍,等. 工程应用 C/C 复合材料的性能分析与展望[J]. 新型碳材料,2015,30(2):106 – 114.

[20] X Aubard,C Cluzel,L Guitard,et al. Damage modeling at two scales for 4D carbon/

carbon composites[J]. Computers and Structures,2000,78:83 - 91.

[21] 苏君明,崔红,李瑞珍,等. 新型针刺碳布 C/C 复合材料的结构与性能[J].新型碳材料,2000,15(2):11 - 15.

[22] Delhaes P. Chemical vapor deposition and infiltration process of carbon materials [J]. Carbon,2002,40:641 - 657.

[23] Imuta M,Gotoh J. Development of high temperature materials including CMCs for space application[J]. Key Eng Mater 1999,164 - 165:439 - 446.

[24] 张立同,成来飞. 连续纤维增韧陶瓷基复合材料可持续发展战略探讨[J].复合材料学报,2007,24(2):1 - 6.

[25] Krenkel W. Cost effective processing of CMC composites by melt infilt ration (LSI-process) [J]. Ceramic Engineering and Science Proceeding ,2001 ,22 (3):443 -454.

[26] 闫联生,李贺军,崔红. CVI+压力 PIP"混合工艺制备低成本 C/SiC 复合材料[J]. 无机材料学报,2006,21 (3):664 - 667.

[27] Stanely L,Elizabeth O,Michael H. Evaluation of ultra-high temperature ceramics for aeropropulsion use[J]. Journal of the European Ceramic,2002,22(14):2757 - 2767.

[28] 余惠琴,刘晓红. 宽温度柔性接头用硅橡胶弹性材料研究[J]. 固体火箭技术,2008,31 (1):92 - 95.